2018年海南省槟榔病虫害重大科技计划项目
（ZDKJ201817）系列丛书

◎ 覃伟权　陈绵才　总编著

主要有害生物绿色防控

◎ 芮　凯　吕朝军　吴朝波　李培征　编著

中国农业科学技术出版社

图书在版编目（CIP）数据

槟榔主要有害生物绿色防控 / 芮凯等编著. --北京：中国农业科学
技术出版社，2021. 10（2024.12 重印）

ISBN 978-7-5116-5507-3

Ⅰ. ①槟…　Ⅱ. ①芮…　Ⅲ. ①槟榔-病虫害防治-无污染技术

Ⅳ. ①S792.91

中国版本图书馆CIP数据核字（2021）第 191735 号

责任编辑　王惟萍
责任校对　贾海霞
责任印制　姜义伟　王思文

出 版 者　中国农业科学技术出版社
　　　　　　北京市中关村南大街12号　　邮编：100081
电　　话　（010）82106643（编辑室）　　（010）82109702（发行部）
　　　　　　（010）82109709（读者服务部）
传　　真　（010）82106643
网　　址　http：// www.CASTP.cn
经 销 者　各地新华书店
印 刷 者　北京中科印刷有限公司
开　　本　170 mm × 240 mm　1/16
印　　张　13.25
字　　数　251千字
版　　次　2021年10月第1版　　2024年12月第3次印刷
定　　价　98.00元

───《 版权所有·翻印必究 》───

《槟榔主要有害生物绿色防控》
编　委　会

主编著：芮　凯　吕朝军　吴朝波　李培征

副主编著：马　瑞　钟宝珠　李朝绪　范鸿雁　曾　涛

参编人员：（按姓氏拼音排序）

陈　迪　陈　龙　陈书贵　郇树乾　刘　丽

牛晓庆　任承才　田　威　王洪星　王学武

谢军海　谢圣华　邢孔辉　徐明月　余凤玉

翟金玲　朱　辉　朱明军

序

2019年9月16日，海南省委省政府在庆祝新中国成立70周年海南专场新闻发布会上围绕"全面深化改革开放，加快建设美好新海南"介绍有关情况，并回答记者提问。时任省长沈晓明同志就产业结构调整谈到了热带农业，调整方向是一二三产业的融合发展，重点强调了与农民切身利益密切相关的"三棵树"，即椰子树、橡胶树、槟榔树。槟榔作为"三棵树"之一，已经在海南农民脱贫致富中起到了非常重要的作用。

近年来，尤其是2018年以来，槟榔青果价格逐年攀升，至2021年9月收购单价已突破40元/千克，甚至出现供不应求的局面。基于此，槟榔种植的积极性得到迅速激发，栽培面积不断扩大，"懒人作物"的身份逐渐被改变，槟榔种植者的经济投入大大增加，"水肥一体化""套种间作""无人机防控"等技术模式得到规模化应用，槟榔园管理的科技含量得到了很大提升。

槟榔病虫害准确识别与诊断，理化诱控、生物防治、化学防控等绿色防控技术的精准应用，是实现槟榔病虫害高效综合治理和保障农产品质量安全的关键。本书结合编者近年来在槟榔黄化病、槟榔病毒病、椰心叶甲、红脉穗螟、红棕象甲、传毒媒介等重要病虫害研究的理论和实践经验，从安全防控关键技术研发、农药减施增效技术模式研发与应用、农药绿色替代产品和施药器械研发与应用等不同角度对槟榔主要病虫害的绿色防控技术进行了系统阐述，同时推介了一系列相关的技术操作规程、理化诱控产品、常用绿色防控药剂、施药器械的使用方法，对槟榔种植者来说，是一本小型实用百科全书，具有很好的参考价值。

　　本书编写结构严谨，内容丰富，收录了大量病虫害危害特征、形态学等方面的图片，减少了学术词汇的应用，力求做到通俗易懂、雅俗共赏，集科学性和实用性为一体，不仅可以为槟榔种植者提供技术参考，也可为农林技校师生和农业技术推广提供借鉴。

　　病虫防控，科技先行。广大种植者需要的是用得上、看得懂、可复制的科技书籍，从这个角度来讲，本书不啻为一个很好的范例。相信本书的出版和发行，对推动槟榔产业的健康发展将起到积极的促进作用。

海南省植物保护学会理事长

　　槟榔是典型的热带植物，主要分布在亚洲、非洲、欧洲和中美洲的热带及亚热带边缘地区，是世界著名的三大口腔嗜物（槟榔、香烟与口香糖）之一，槟榔还是一种重要的南药植物，有驱虫、消积、行气、利尿等功效。据统计，世界槟榔种植面积约1 500万亩，干果产量超过160万吨。槟榔是热带地区的重要经济作物，印度、巴基斯坦、孟加拉国、泰国、菲律宾和中国是槟榔的主要消费国，年消费总额近100亿美元，其中印度是世界槟榔生产第一大国，也是最早开展槟榔系统研究的国家之一，大约有1 000万人从事与槟榔相关的产业。我国槟榔主要分布在海南、云南南部和台湾，其中海南省总产量占全国槟榔产量的90%以上。目前，槟榔是海南省第一大特色经济作物，已发展成为仅次于橡胶的第二大支柱产业，种植面积达233.7万亩[①]（占全国种植面积95%以上），种植及初加工产值约287.3亿元，是海南省230多万农民的主要经济来源。槟榔产业在海南省实施乡村振兴战略、做强做优热带特色高效农业和建设国家生态文明试验区中发挥着举足轻重的作用。

　　海南省槟榔产业发展迅速，极大地激发了农民的种植热情，种植面积从2000年至2017年快速增加了近6倍。槟榔长期以来被视为"懒人树"，普遍存在"重种植、轻管理，重产量、轻质量，重眼前、轻长远"的现象。随着种植面积的快速增长，栽培管理粗放、技术储备不足的缺陷日益凸显，其中一些根本性问题严重制约了槟榔产业的可持续发展，一是良种繁育技术体系不健全，高产、稳产、品质优、抗性强的优良品种匮乏；二是黄化灾害逐年加重，损失巨大，已成为制约槟榔种植业的瓶颈问题，近5年来，每年以3万～5万亩的速度扩散，许多农民"谈黄色变、谈虫恐慌"，甚至丧失种植管理的信心；据不完全统计，每年损失20亿元以上，严重影响农民的脱贫致富和农村经济的发

---

　　① 　1亩≈667 m²，15亩=1 hm²，全书同。

展；三是生态高效栽培技术集成应用不够，水、肥、药管理不科学，导致树势衰弱、产量偏低，严重影响农民种植效益的提升。

目前，已知槟榔上的病害有20多种，主要包括槟榔黄化病、病毒病、炭疽病、叶斑病、芽腐病、煤烟病、藻斑病、根腐病等。主要害虫包括椰心叶甲、红脉穗螟、红棕象甲、黑刺粉虱、矢尖蚧、双钩巢粉虱、椰圆蚧等，其中危害较大的病虫害有槟榔黄化病、病毒病、椰心叶甲、红脉穗螟和传毒媒介昆虫。

近年来，针对槟榔黄化病、病毒病、椰心叶甲和红脉穗螟等重要病虫害多发重发以及缺乏安全配套防控关键技术的现状，编者开展了以下工作：围绕重要侵染性病害，研发和筛选植物免疫诱抗剂、生防制剂、高效低毒低残留药剂及剂型，突破安全靶标施药、土壤营养调理、植物免疫诱抗和生态防控等关键技术；围绕重要虫害，熟化天敌规模化繁育、田间释放技术，研发化学诱控新产品，化学防治与生物防治协调应用等技术；针对农药过量使用的现状，研发高效精准施药技术、专用杀虫剂及配套减施技术，构建农药减量增效防控技术体系和防控新模式；针对目前槟榔上无专用药剂和施药器材的问题，研发新型施药器械、物理诱控新产品、生物制剂和新剂型。

编者长期从事槟榔有害生物防治方面的工作，具有较扎实的研究基础和丰富的实践经验，对槟榔相关病虫害进行了多年的调查和研究；同时，对槟榔黄化病的研究进展非常关注，并制订了槟榔黄化病的防控技术规程。上述科研经历、实践经验以及文献积累等为本书的撰写、出版提供了较为坚实的基础。本书根据编者多年来对槟榔有害生物的研究成果，并结合国内外专家学者在此方面的研究撰写而成。本书重点介绍了我国槟榔病虫害的研究情况，引用了部分国内外公开发表的文献资料。同时，本书引用的一些文献的作者和从事槟榔病虫害相关工作的人员为我们提供了原始照片，在此一并表示衷心感谢。

由于时间仓促以及编者水平有限，书中内容难免会出现疏漏，恳请广大读者批评指正。

编著者

2021年5月

目 录

第一章 槟榔主要病害识别与防控

第一节 槟榔黄化病

一、症状

槟榔黄化病表现有黄化型和束顶型2种症状。发病区有明显的发病中心，随后向四周逐步扩散，与因缺水、缺肥等造成的生理性黄化有明显的区别（图1-1）。

图1-1 槟榔黄化病田间症状（芮凯 拍摄）

（一）黄化型症状

发病初期，植株树冠下部倒数第2~4张羽状叶片外缘1/4处开始出现黄化，黄化与绿色组织分界明显；抽生的花穗较正常植株短小，无法正常展开；果实呈现出鲜艳的橘黄色，有时结有少量变黑的果实，但不能食用，常提前脱落。随后黄化症状逐年加重，逐步发展到整株叶片黄化，干旱季节黄化症状更为突出，整株叶片无法正常舒展，常伴有真菌引起的叶斑及梢枯；病叶叶鞘基部的小花苞水渍状坏死，严重时呈暗黑色，花苞基部有浅褐色夹心；感病后期病株根茎部坏死腐烂，大部分染病株开始表现黄化症状后5~7年枯顶死亡（图1-2）。

（a）发病初期症状

（b）病株花穗及果实

（c）橘黄色果实

（d）黄绿组织分界明显

（e）花苞水渍状坏死

（f）发病后期症状

图1-2　黄化型症状（芮凯　拍摄）

（二）束顶型症状

病株树冠顶部叶片明显缩小，呈束顶状，节间缩短，花穗枯萎不能结果，病叶叶鞘基部的小花苞水渍状坏死，暗黑色腐败。叶片硬而短，部分叶片皱缩畸形，大部分染病植株表现症状后5年左右枯顶死亡（图1-3）。

（a）顶部节间缩短　　　　（b）叶片硬而短　　　　（c）叶片皱缩畸形

（d）花苞水渍状坏死　　　（e）花穗枯萎　　　　（f）顶部枯萎

图1-3　束顶型症状（芮凯　拍摄）

二、病原

槟榔黄化病目前仅在印度、中国和斯里兰卡3个国家报道有发生。1949年，印度首次报道在喀拉拉邦中部发生，20世纪60年代，在喀拉拉邦的Guilon地区发病率高达90%，这种病害在印度的马哈拉施特邦和泰米尔纳德邦的中部均有报道，发病后3年可造成减产50%。罗大全等通过电子显微镜观察槟榔黄化病病株叶脉、叶鞘基部呈水渍状的幼嫩花苞，发现其组织内的韧皮部筛管细胞及伴胞内均存在植原体，形态为圆形或椭圆形，菌体内有较丰富的纤维状体（即DNA）、细胞核区及较薄的质膜，没有细胞壁，菌体大小为180～550 nm，单位膜厚度为9～13 nm，而健康植株相应部位组织中没有发现任何菌体存在。用2种四环素族抗生素注射感病槟榔植株后，发现其心叶均正常抽出，黄化症状减轻，并能开花结果，而不注射药物的对照病株不抽叶，从心叶至老叶全株黄化，植株长不大，不能开花，这也符合植原体能被四环素族抗生素抑制的特点。

植原体迄今还不能在人工培养基上纯培养，不能像传统的细菌分类一样进行菌落和个体的形态学观察以及生理生化指标鉴定，植原体的分类鉴定主要依据其16S rRNA、*rp*、*secY* 等保守基因序列和基因组差异以及传播介体、天然植物寄主。借助分子生物学技术已确定植原体隶属于细菌界（Bacteria），软壁菌门（Tenericutes），柔膜菌纲（Mollicutes），无胆甾原体目（Acholeplasmatales），无胆甾原体科（Acholeplasmataceae），植原体暂定属（*Candidatus* Phytoplasma）。利用植原体16S rDNA通用引物对感病槟榔花苞总DNA进行巢式PCR扩增，通过扩增产物测序、BLAST程序比较、系统进化树构建及iPhyClassifier分析，将槟榔黄化病植原体归为翠菊黄化植原体组G亚组（16Sr I -G亚组），并将其命名为槟榔黄化植原体（arecanut yellow leaf phytoplasma，AYL）。

三、发生规律

（一）气候条件的影响

气候干旱的季节中黄化症状表现最明显，而雨季来临时，发病症状能得到缓解。

（二）与树龄的关系

槟榔黄化病为害范围覆盖槟榔各龄植株，表现健壮的植株也会突然出现黄化症状；槟榔黄化病的发病率随着树龄的增加呈现持续上升的趋势，一般在挂果10年以上的槟榔园发现，年份越久的槟榔园病情越严重，超过20年树龄的发病率较高，而新种植的槟榔园极少发现黄化病。

（三）园地管理的影响

单一槟榔种植造成园内郁闭，病株残体留在园内，感病植株没有及时清理出园，加速病原的扩散。田间具有明显的发病中心，且呈现从中心向周边扩散的趋势。发病初期表现为叶片黄化，之后出现减产症状，后期整株黄化、束顶直至植株死亡。

（四）地形的影响

在相同管理水平及水肥条件下，平地和低洼地槟榔黄化症状表现弱于坡地和山地。

四、病情分级

槟榔黄化病植株病情分级如下。

0级：植株正常、叶片绿色、舒展；

1级：叶片舒展，冠层1～2片叶片黄化；

2级：叶片变小，冠层3～5片叶片黄化；

3级：整株叶片黄化，冠幅减小不足1/2，结果能力显著下降；

4级：全株黄化甚至枯死，冠幅减小超过1/2，失去经济价值。

五、防控技术

（一）病情监测

在全省范围内展开槟榔黄化病发生情况调查，建立海南槟榔黄化病病区信息库，指导病害监测与防控。在槟榔主要种植区科学设立槟榔黄化病长期定位监测网点，开展黄化病发生动态的实时监测，构建覆盖全省槟榔种植区的槟榔黄化病长期定位监测网、病情信息共享和预警平台。

加强种苗和疑似病株检测，严格把好种果种苗检测关。槟榔黄化病侵染潜伏期长，苗期染病植株症状同正常植株无异，在苗期控制较为困难。因此，要一律禁止在病区留种育苗及从病区运出植株。有关部门应加强植保人员专业化培训，提高农民防病意识，针对槟榔黄化病发病区，加强专业人员调配巡查力度，设置种子种苗调运检测点，完善槟榔种子种苗调运体系建设，禁止病区种子种苗向外调运。

（二）合理种植

1.无病种苗

政府有关部门应加强宣传，加强农民种植无毒种苗的意识，建立健康种苗繁育科技示范基地和槟榔种苗培育中心，培育无病毒苗木，保证种苗质量。

2. 林下间种

采用合理的耕作方式，实行槟榔与其他作物间种，能在一定程度上阻隔槟榔黄化病的传播。槟榔树干高而叶少，林下空间充足，适合间种其他作物。在选择间种作物时要综合考虑土壤肥力、光照强度和作物生长等特点，合理利用时间和空间，提高土地、光、热、水和肥的利用率和生物学效率，丰富槟榔林间生物多样性，创造出有利于作物生长发育和土壤中有益微生物繁衍的微生态环境，从而降低病原菌和害虫的存活率，减轻槟榔黄化病的发生。此外，间种矮秆作物或绿肥等进行活覆盖不仅能有效抑制杂草生长，保持土壤湿度，改善土壤理化性质，而且能直接或间接获得一定经济效益。通常，在肥力较高并且行间光照较充足的槟榔园，可间种香草兰、胡椒、益智和可可等矮秆经济作物；在肥力较低的槟榔园，可间种柱花草、花生、猪屎豆、田菁和爪哇葛藤等绿肥。

（三）水肥调控

田间发现槟榔黄化病后，可通过加强水肥管理的方式阻止其蔓延。幼龄槟榔树以营养生长为主，对氮素的要求较高，施肥时以补充氮肥为主磷钾肥为辅；成龄槟榔树营养生长和生殖生长同时进行，以磷、钾肥为主，适当施用氮肥。长期单纯使用化肥易导致土壤板结、酸化等问题，所以提倡将化肥与有机肥结合使用，具体施药方式如下。

1. 幼龄树

每年3月和9月，在离槟榔苗20 cm处，两边开挖长30 cm深10 cm的浅沟，施1次有机肥。定植1年内，每次每株施有机肥2 kg；定植1～2年，每次每株施有机肥3～5 kg；定植3～4年，每次每株施有机肥5～10 kg。同时，每2个月施1次化肥，化肥按一定倍液溶于水后，用水管于穴位四周浇入，若有安装滴灌或微喷灌设施可随管道灌溉时施入，也可减小稀释倍数，用注射施肥枪注入土层10 cm处。定植后2个月内，每次每株施尿素5 g+氯化钾5 g或5 g磷酸二氢钾+5 g磷酸氢铵，与水配成1：1 000倍液以上施用；定植后2～6个月，每次每株可施尿素10 g，氯化钾5 g，磷酸二氢钾或磷酸氢铵5 g，与水配成1：300倍液施用；定植6～12个月，每次每株施用尿素20 g，氯化钾10 g，磷酸二氢钾或磷酸氢铵5 g，与水配成1：（500～1 000）倍液施用；定植12～24个月，每次每株施用尿素25 g，氯化钾25 g，磷酸二氢钾或磷酸氢铵5 g，与水配成1：（500～1 000）倍液施用；定植24～48个月，每次每株施用尿素10 g，氯化钾

20 g，磷酸二氢钾或磷酸氢铵20 g，与水配成1：（500～1 000）倍液施用。定植2年后可以根据槟榔树的长势加大肥料的用量，但原则上折算成的干肥用量不超过100 g，以少施多次为原则。

2. 成龄树

当年12月至翌年2月开花前施入花前肥，以钾肥为主配合施用氮肥，每株可施过磷酸钙400 g，尿素50 g，氯化钾125～150 g，与水配成1：（500～1 000）倍液，用水管于穴位四周浇入，若有安装滴灌或微喷灌可随管道灌溉时施入，也可用水稀释10倍，用注射施肥枪注入土层10 cm处；同时，每株可施厩肥10～15 kg，离基部80～100 cm处挖长80 cm深10 cm半月形浅沟施入，然后覆土。3—6月施入保花保果肥，每株可施尿素25 g，氯化钾50 g，磷酸二氢钾或磷酸氢铵50 g，施用方法同上；同时，每株施厩肥5～10 kg，离树干50～80 cm处挖60～80 cm长10 cm深半月形浅沟施入，然后覆土。7—11月采果期施入壮果肥，每株施尿素50 g，氯化钾50 g，施用方法同上。

此外，槟榔林间会产生枯叶、干花苞、落果等凋落物，建议收集堆肥使用。在降水量较少的旱季，注意保持槟榔园充分的供水，可采取开沟漫灌、拉管浇灌或设施滴灌的方式增加树势，增强槟榔抗病抗逆性。

（四）促生诱抗

利用生物、化学等因素可以诱导或激活槟榔植株自身的防卫反应系统，提高槟榔对病原物的抵抗力，促进槟榔生长和增产，从而达到绿色、可持续控制槟榔黄化病的目的。

施用植物诱抗剂可以诱导槟榔植株提高对病原物的抗性，建议在槟榔营养生长期叶面喷施8%宁南霉素水剂600倍液或0.5%葡聚烯糖可溶粉剂5 000倍液，开花幼果期叶面喷施6%寡糖·链蛋白可湿性粉剂600倍液或0.136%赤·吲乙·芸苔可湿性粉剂600倍液，施药间隔期为7～10天，连续施药3次。

（五）治虫防病

槟榔黄化病属于一类典型的植原体病害，主要是靠刺吸式口器昆虫带毒、传毒，切断传播途径是一种有效且适用的防控方法。相关研究表明，槟榔园常见的刺吸式口器昆虫中，检测到带毒的昆虫有长尾粉蚧和黑刺粉虱，这两者均有可能是该病的传毒媒介昆虫。因此，推荐在虫害发生高峰期使用杀虫剂治虫，可选用的药剂有20%虫螨腈·唑虫酰胺微乳剂800～1 500倍液、70%吡虫啉水分散粒剂3 000倍液、30%螺虫·噻虫嗪悬浮剂5 000～7 000倍液、99%矿物油乳油100～200倍液、25%噻虫嗪水分散粒剂5 000倍液，以上药剂均能有效防控槟榔黄化病的传毒媒介昆虫，从而控制槟榔黄化病的发生和发展，建议轮换使用，防止耐药性的产生。物理防治方面，黄板对粉虱具有一定的诱杀效果，可采取色板诱杀的方式进一步治虫防病，及时清除部分带虫病叶，降低害虫基数。

（六）清除病株

合理清除病叶和病株，减少传染源。加强槟榔园田间栽培管理，对槟榔下层的病叶枯叶及时清除；针对重度为害、经治疗后仍无法恢复正常结果的槟榔树，应采取彻底灭除的办法连根挖除，并在病坑中撒入石灰石，注意在砍伐病株之前需喷施杀虫剂，以防止携带病原菌的媒介昆虫随病株扩散导致疾病的传播。填坑之后种植一些短期作物或林木，2年后再重新引种健康的槟榔种苗，保证槟榔产业的健康可持续发展。

第二节　槟榔病毒病

病毒病是影响槟榔生产的一类重要的病害类型，能侵染槟榔的病毒目前已经鉴定出的有3种，主要症状表现在槟榔叶片，属于全株性系统性病害的类型，该类病害能导致槟榔的品质和产量严重降低，甚至绝产。

一、槟榔黄化病毒病

槟榔黄化病毒病广泛分布于海南各县市槟榔种植区，经全岛采样调查发现，由该病毒造成的槟榔黄化症状约占70%。

（一）症状

槟榔黄化病毒病常年均可发生，发病初期从树冠中下部叶片的叶尖开始变黄，黄化症状沿着维管组织发展，发病叶片呈现黄绿相间的不均匀黄化，黄化与绿色组织分界明显，叶脉处可见清晰的绿色带，随后黄化症状逐渐扩展到上层叶片，最后整个树冠叶片黄化甚至枯死，丧失结果能力（图1-4）。

（a）槟榔黄化病毒病叶片症状（马瑞 拍摄）

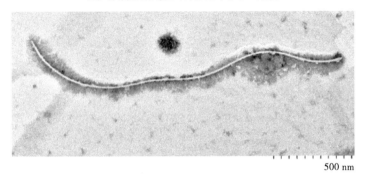

500 nm

（b）黄化病毒病病毒粒子电子显微照片（Wang，2020）

图1-4 槟榔黄化病毒病症状及病原

（二）病原

槟榔黄化病毒病的病原为槟榔黄化病毒（*Areca palm velarivirus* 1，APV1），属于长线形病毒科（Closteroviridae）、*Velarivirus*病毒属，是一种正义单链RNA病毒。该病毒的基因组由16 080 nt组成，包含11个开放阅读框，35%的GC含量。

（三）病情分级

槟榔黄化病毒病的分级标准参照槟榔黄化病的分级标准。

0级：植株正常、叶片绿色、舒展；

1级：叶片舒展，冠层1～2片叶片黄化；

2级：叶片变小，冠层3～5片叶片黄化；

3级：整株叶片黄化，冠幅减小不足1/2，结果能力显著下降；

4级：全株黄化甚至枯死，冠幅减小超过1/2，失去经济价值。

二、槟榔坏死环斑病毒病

槟榔坏死环斑病毒病于2017年6月首次发现于海南保亭的槟榔园，随后又相继在海南其他市县发现，目前已广泛分布于海南定安、琼海、万宁、陵水、保亭、琼中、乐东和三亚。

（一）症状

槟榔坏死环斑病毒病在槟榔各生长阶段均可发生，其中成龄槟榔相较于幼苗更易感病。发病初期树冠中下部叶片零星出现水渍状浅黄色病斑，呈不规则环形，叶片褪绿，随后病斑面积扩大，颜色加深，发病后期病斑呈现深黄褐色，并逐渐聚合成片，直至叶片完全坏死，上部叶片少有症状表现。感病槟榔的叶片稀疏、下垂或伴有黄化现象，严重影响槟榔长势及果实产量（图1-5）。

（a）槟榔坏死环斑病毒病早期   （b）槟榔坏死环斑病毒病中期

叶片症状（田威 拍摄）   叶片症状（田威 拍摄）

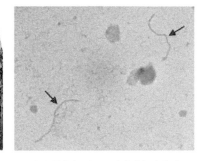

（c）槟榔坏死环斑病毒病后期   （d）槟榔坏死环斑病毒病粒子电子

叶片症状（田威 拍摄）   显微照片（Yang，2019）

图1-5 槟榔坏死环斑病毒病症状及病原

（二）病原

槟榔坏死环斑病毒病的病原为槟榔坏死环斑病毒（*Areca palm necrotic ring-spot virus*，ANRSV），属马铃薯Y病毒科（Potyviridae）、*Arepavirus*

病毒属，是一种正义单链RNA病毒。该病毒的病毒粒子呈弯曲丝状，大小为15 nm×780 nm，除去poly（A）尾巴基因组全长为9 434 nt。

三、槟榔坏死梭斑病毒病

（一）症状

2017年在海南保亭观察到槟榔坏死梭斑病毒病，该病发生症状与槟榔坏死环斑病毒病症状类似，发病初期在中下部叶片零星出现不明显的水渍状浅黄色病斑，呈不规则长条梭形，叶片褪绿；发病中期病斑面积逐渐扩大，颜色加深；发病后期病斑呈现深黄褐色，并逐渐聚合成片，直至叶片完全坏死，上部叶片少有症状表现。感病槟榔的叶片稀疏、下垂或伴有黄化现象，严重影响槟榔长势及果实产量（图1-6）。

（a）槟榔坏死梭斑病毒病叶片症状

（芮凯 拍摄）

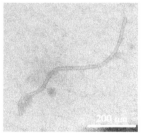

（b）槟榔坏死梭斑病毒病叶片　　（c）槟榔坏死梭斑病毒病粒子
症状（崔红光 拍摄）　　　　电子显微照片（Yang，2018）

图1-6 槟榔坏死梭斑病毒病症状及病原

（二）病原

槟榔坏死梭斑病毒病的病原为槟榔坏死梭斑病毒（*Areca palm necrotic spindle-spot virus*，ANRSV），属马铃薯Y病毒科（Potyviridae），是一种正义单链RNA病毒。与槟榔坏死环斑病毒类似，其病毒粒子形状呈弯曲丝状，大小15 nm×780 nm，除去poly（A）尾巴基因组全长为9 437 nt。该病毒可能是槟榔坏死环斑病毒的不同毒株，也可能是另外一种病毒，有待证明。

四、防控技术

（一）病情监测

加强病情监测工作，做好防控宣传，加强农民的防控意识。从其他地区引进的槟榔种苗，如发现相关病毒，应采用烧毁后深埋的处理方式当场销毁。如未发现相关病毒，也应在苗圃中隔离种植观察，证实确无相关病毒后才能种植。

（二）农业防控

加强肥水管理，提高植株抗逆性，减少病菌的侵染。

施用微生物菌剂改善槟榔根际微生态环境，促进根系生长，提高植株抗逆性，减少病菌的侵染，每年1—2月和6—7月各施用1次复合微生物菌肥（图1-7）。

（a）沟施法   （b）环施法   （c）施肥枪法

（d）穴施法

图1-7 农业防控措施（曾涛 拍摄）

固体类微生物菌肥采用沟施法或环施法。沟施法：离树干50~80 cm处，挖长1 m、宽0.3 m、深0.5 m的浅沟（4棵树共用），每个浅沟施用20~40 kg的解淀粉芽孢杆菌和枯草芽孢杆菌复合微生物菌肥，并回填少许土。环施法：离树干50~80 cm处挖深约15 cm的环形沟并施入微生物菌肥。

液体类微生物菌肥采用穴施法或施肥枪法。穴施法具体做法如下：用专用打孔器在离树干50 cm处打4个直径10 cm、深20 cm的小孔，环树干均匀分布，将微生物菌肥用水稀释后（有效活菌数≥1×10^6 cfu/mL），每株施用2 L，并回填少许土，之后在槟榔花期追施1~2次磷钾肥，增强作物的抗病力。施肥枪法：直接用施肥枪将肥料注入10 cm土层深处。

做好田间卫生，清除残枝病叶，集中烧毁或者掩埋，以此减少带毒介体昆虫的栖息场所。对于重度发病槟榔园，应及时移除病株，防止病害扩散，同时补种其他林下作物，1~2年后重新改种无毒槟榔苗。

（三）化学防控

防治槟榔病毒病，首先要全面防治可能的媒介昆虫，防止病毒发病面积扩大，如叶蝉、粉虱、蚜虫、介壳虫等刺吸式口器昆虫；于每年的3—4月和10—11月进行叶面施药防治，常用药剂可选用啶虫脒、噻虫嗪、螺虫乙酯、阿维菌素、噻虫胺、呋虫胺、烯啶虫胺、高效氯氰菊酯、氟啶虫胺腈等。

其次，针对不同槟榔园的发病情况选择施用不同种类的植物免疫诱抗剂，来激活植株免疫力，增强抗病作用。发病初期，可选用0.5%几丁聚糖水剂、5%氨基寡糖素水剂、0.001%羟烯腺·烯腺嘌呤水剂、6%低聚糖素水剂、0.5%葡聚烯糖可溶粉剂、2%香菇多糖水剂、30%毒氟磷可湿性粉剂、8%宁南霉素水剂、6%寡糖·链蛋白可湿性粉剂等进行叶面喷施。

第三节　槟榔炭疽病

槟榔炭疽病是槟榔上发生较为普遍的病害之一，该病可为害地上部分的叶片、花序和果实。不同时期表现不同的症状，叶片受害严重时整体变褐枯死，幼芽受害后腐烂或枯萎，果实受害严重时会腐烂，影响槟榔的产量和品质。

一、症状

槟榔炭疽病可为害叶片、花序、果实。叶片在发病初期，呈暗绿色水渍状小圆斑，随后变褐色，边缘有黄色晕圈。小病斑多时，像麻点遍及半叶甚至整个叶片；在发病中期，病斑进一步扩展，形状呈圆形、椭圆形或不规则形，病斑长0.5~20.0 cm，病斑中央变褐色，边缘黑褐色；用手持放大镜观察，病斑微凹陷；在发病后期，叶片病斑累累，病部表面产生少量小黑粒，重病叶片整体变褐枯死；幼芽受害后腐烂或枯萎（图1-8）。

青果在发病初期，表面呈圆形或椭圆形的病斑，病斑黑色凹陷；在中后期，病菌可侵入至纤维状的果肉；熟果在发病初期，病斑近圆形、褐色、凹陷；在中后期，病斑进一步扩展，使果实腐烂。环境潮湿时，病部会产生粉红色孢子堆。

(a) 病菌为害嫩叶　　　　　(b) 患病植株果实　　　　　(c) 患病植株整株

(d) 患病植株幼苗　　　　　(e) 病菌为害花苞　　　　　(f) 病菌为害叶片

图1-8　槟榔炭疽病症状（芮凯　拍摄）

二、病原

槟榔炭疽病的病原为胶孢炭疽菌（*Colletotrichum gloeosporioides*），在分类地位上属半知菌亚门（Deuteromycotina）腔孢纲（Coelomycetes）黑盘孢目（Melanconiales）炭疽菌属（*Colletotrichum*）。

（一）生物学特性

病原菌在PDA平板上菌落呈圆形或近圆形，边缘整齐，初为白色，后转为灰白色。菌丝浓厚呈絮状或绒毛状，培养至10天后产生粉红色孢子堆。显微镜下观察，可见菌丝中央呈浅褐色，边缘白色。分生孢子盘无刚毛，呈盘形，大小为73～262 μm；分生孢子圆柱形或长卵圆形，单细胞，无色，内部含2个油球，大小为（12.0～21.3）μm×（3.5～6.0）μm（图1-9）。

在PDA培养基上槟榔炭疽菌菌丝生长的温度范围是10～40 ℃，最适生长温度28 ℃，低于5 ℃或高于40 ℃均不能正常生长。在15～30 ℃均能产孢，最适产孢温度是25 ℃。pH值为4～11时在PDA培养基上均能生长和产孢，菌丝最适生长pH值为6～7，pH值大于4的条件适宜产孢，pH值为6时产孢量最大。最有利于菌丝生长和分生孢子萌发的光照条件为光暗交替。

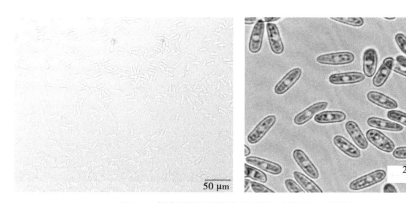

图1-9　槟榔炭疽病菌分生孢子（陈圆　拍摄）

（二）侵染循环

槟榔炭疽病在海南全年均有发生，小苗与成龄槟榔均能被害。在密植不透风的苗圃发生严重，特别是高温高湿的7—10月雨水季节发病更严重，重病区槟榔园病叶率可达85%～90%。病菌以分生孢子的形式借助风雨、昆虫进行传播。落在寄主组织表面后，孢子萌发形成芽管和附着胞，可直接或通过气孔、伤口侵入，菌丝起初在寄主组织表皮下扩展，使植株发病，并形成分生孢子，后能突破表皮。在风雨或昆虫的帮助下进行下一轮传播。病菌一般可直接在寄主上产生无性阶段，有性阶段少见。

三、病情分级

病情分级标准如下。

0级：无病斑；

1级：病斑面积占整个叶面积的5%以下；

3级：病斑面积占整个叶面积的6%～15%；

5级：病斑面积占整个叶面积的16%～25%；

7级：病斑面积占整个叶面积的26%～40%；

9级：病斑面积占整个叶面积的40%以上。

按如下公式计算病情指数：

$$病情指数 = \frac{\sum（各级病株数 \times 相对级数值）}{（调查总株数 \times 最高级数值）} \times 100$$

四、防控技术

（一）防治原则

应遵循"预防为主、综合防治"的植保方针，其防治应以预防为重点，从种植园整个生态系统出发，针对槟榔炭疽病发生特点及防治要求，综合考虑影响炭疽病发生、为害的各种因素，以农业防治为基础，协调应用化学药剂防治等措施对槟榔炭疽病进行安全、有效的控制。

（二）农业防治

1. 合理施肥和灌水

加强槟榔园管理，合理施肥，有机肥和化肥搭配使用，促使植株生长健壮，增强抗病能力。每年12月至翌年2月，施1次过冬养树肥，每株施有机肥10 kg，过磷酸钙500 g，氯化钾150 g，尿素50 g，离树干50～80 cm处挖施肥沟施入，然后少量覆土。6—9月为果实壮大期，养分需求量比较大，应及时补充氮肥和钾肥，每株每次施尿素50 g，氯化钾50 g，用水稀释10倍，使用注射施肥枪注入土层10 cm处。另外，根据槟榔生长情况，增施1次有机水溶肥（图1-10）。

（a）挖沟施肥

（b）施肥枪施肥

（c）喷灌补水

图1-10 合理施肥和灌水（陈迪 拍摄）

2. 保持通风透光

槟榔种植密度不宜过大，行间不郁闭，以利通风透光，降低湿度。推荐槟榔种植行距2.5～3.0 m，株距2.0～2.5 m。园地选择、规划、垦地、种苗的选育、定植及田间管理等应符合《槟榔生产技术规程》（DB 46/T 77—2007）和

《槟榔育苗技术规程》（DB 46/T 386—2016）的要求（图1-11）。

（a）保持通风透光　　　　　　　　　（b）行间距合理

图1-11　保持通风透光（谢圣华　拍摄）

3.搞好田间卫生

搞好园地卫生，及时清除病残植株、叶片和落地的花枝、果实等，将发病组织集中烧毁；苗圃要通风透光，降低湿度，不要用病叶搭棚，以减少侵染来源；避免与交互寄生植物间种或混种，创造不利于病害发生的环境（图1-12）。

（a）机割除草

（b）保持卫生　　　　　　　　　　（c）清理田园

图1-12　搞好田间卫生（芮凯　拍摄）

4. 做好排水

低湿地种植要做好开沟排水工作，防止田间积水，以减轻发病；及时采果，炭疽病菌为弱寄生菌，成熟衰老的、受伤的果实易发病，及时采果可避免发病。

（三）化学防治

1. 施药原则

严格执行GB 4285—1989《农药安全使用标准》和GB/T 8321（所有部分）《农药合理使用准则》。合理选用杀菌剂，严格控制农药的安全间隔期、施用剂量、和施用次数，尽量减轻化学农药对环境的污染和对天敌的伤害，避免对果实造成污染。注意不同作用机理农药的合理混用和交替使用，避免病原菌产生抗药性。

2. 科学用药（图1-13）

冬季防控：清园后施药保护叶面，压低病原菌数量。选用药剂主要有：12.5%腈菌唑乳油、430 g/L戊唑醇悬浮剂、30%乙霉威·咯菌腈悬浮剂等。

（a）人工打药　　　　　　　　　（b）无人机打药

（c）人工施药器械

图1-13　科学用药（谢圣华　拍摄）

花期用药：花期易感病，于扬花后进行花穗喷雾，防止因病造成落花落果。可选药剂主要有25%吡唑醚菌酯悬浮剂、10%苯醚甲环唑水分散粒剂等。

果期用药：6—9月为多雨季节，易于炭疽病传播流行，用药进行叶面果面一起均匀喷雾压制病原数量，保叶保果。选用药剂主要有：60%吡唑醚菌酯·代森联水分散粒剂、50%咪鲜胺锰盐可湿性粉剂、80%代森锰锌可湿性粉剂、75%百菌清可湿性粉剂等。

（四）生物防控

槟榔存在对病原真菌具有广泛抑制作用的内生菌资源，可选用抑菌作用强、定殖性能好的微生物菌剂叶面喷施作为辅助防治手段。

第四节　槟榔细菌性叶斑病

一、症状

槟榔细菌性叶斑病可以侵染各龄槟榔叶、叶柄和叶鞘，槟榔叶片上先出现水渍状病斑，7天后病斑开始扩展，边缘出现黄色晕圈，并产生暗绿色、淡褐色小斑点或一些短条斑，扩展部位半透明；中期形成长椭圆形或不规则形褐色坏死病斑，维管束变褐色，病斑周围有黄晕；后期叶鞘布满病斑，导致整片叶片枯死（图1-14）。

（a）发病前期　　　　　　　　　　（b）发病后期

图1-14　槟榔细菌性叶斑病症状（芮凯　拍摄）

二、病原

（一）生物学特性

病原菌为须芒草伯克霍尔德氏菌（*Burkholderia andropogonis*），革兰氏阴性，杆状，好氧性，极生单根鞭毛，有游动性（图1-15）。

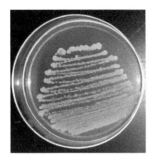 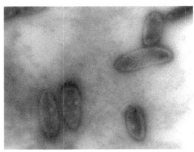

（a）菌落形态　　　　　　　　　（b）细胞形态

图1-15　槟榔细菌性叶斑病病原的生物学特性（朱辉　拍摄）

（二）侵染循环

该病在海南全年均有发生，高温高湿容易暴发，带病种苗、田间病株及其残体是该菌的主要侵染来源。通过雨水、流水和露水传播，从植株的自然孔口和伤口入侵植株；雨量大、湿度高的环境条件下病害发展速度加快，病情加重。台风时雨水量大，且给植株带来更多的伤口，有利于病菌入侵、病害流行。

三、防控技术

（一）加强检疫

该病害首次报道于台湾地区，海南局部地区发生严重，因此在引进种苗时，要加强检疫工作，严格检查，防止该病害通过种苗传播扩散。

（二）化学防控

在病害发生初期可以使用18%春雷霉素·松脂酸铜悬浮剂800倍液或47%春雷·王铜可湿性粉剂600倍液喷施叶面。

（三）田间管理

合理密植，合理施肥，防止偏施氮肥，可以促进槟榔树生长，提高抗逆能力；加强管理，科学浇水，及时排除积水，保证槟榔通风透光，并及时清理发病叶片以及发病严重植株，防止病情传播扩大；造防护林，减少台风给槟榔植株造成伤口，抑制病害发生流行。

第五节　槟榔大茎点霉叶斑病

一、症状

多发生在高温多雨季节和通风透光性差或者密植的槟榔苗圃和密植槟榔园，主要为害槟榔叶片，从植株中下层叶片开始侵染，发病初期叶片上出现黑褐色小斑点，随后病斑扩大成不规则形大病斑，长0.5～2.0 cm，病斑中央灰白色，边缘深褐色，病斑上密生黑色小点。发病后期整张叶片布满病斑，严重影响植株的光合作用，导致叶片枯死（图1-16）。

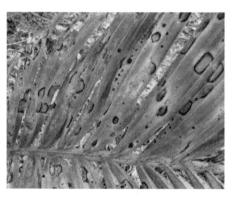

（a）发病症状-1（田威　拍摄）

（b）发病症状-2（田威　拍摄）

（c）发病症状-3（田威　拍摄）

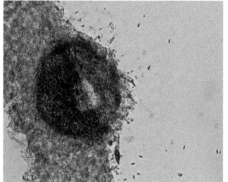

（d）病原菌形态（陈圆　拍摄）

图1-16　槟榔大茎点霉叶斑病症状及病原

二、病原

（一）生物学特性

半知菌亚门（Deuteromycotina）、腔孢纲（Coelomycetes）、球壳孢目（Sphacropsidales）、大茎点霉属（*Macrophoma*）真菌。

病原菌分生孢子器黑色、球形、有孔口，分生孢子梗短小、不分支，分生孢子卵圆形、单孢、无色。

（二）侵染循环

该病在海南全年均有发生，高温高湿容易发生，发病高峰期6—10月，带病种苗、田间病株及其残体是该菌的主要侵染来源。通过雨水、流水和露水传播，从植株的自然孔口和伤口入侵植株。雨量大、湿度高的环境条件下病害发展速度加快，病情重。台风时雨水传播病菌，且植株伤口增多，有利于病菌入侵、病害流行。

三、防控技术

（一）加强检疫

在引进种苗时，要加强检疫工作，严格检查，防止该病害通过种苗传播扩散。

（二）化学防控

发病初期使用60%吡唑醚菌酯·代森联水分散粒剂800倍液喷施叶面，发病中期选用40%苯醚甲环唑悬浮剂3 000倍液、80%代森锰锌可湿性粉剂600倍液或28%丙环唑·嘧菌酯悬浮剂2 000倍液喷施叶面。

（三）田间管理

合理密植，合理施肥，排除积水，保证槟榔苗圃通风透光，及时清理发病叶片以及发病严重植株，防止病情传播扩大；造防护林，减少台风给槟榔植株造成伤口，抑制病害发生流行。

第六节　槟榔芽腐病

一、症状

发病初期心叶变色，由原来的淡绿色变为黄色，然后变成褐色。侵染扩展到幼叶，导致幼叶快速腐烂。当侵染在芽内扩展时，茎的生长点亦腐烂，导致植株死亡。稍微用力即可将心叶拉出头，随后外层叶片变黄，下垂，一片片地掉落，剩下光秃的树干。次生生物在腐芽上繁殖，并使顶芽腐烂散发恶臭。发病有两种类型：一是心叶先感病，随着病害向下蔓延，心叶变枯黄下垂；二是果腐病严重时，疫霉菌从感病花序进入茎内。随着病害向上蔓延，老叶先变黄，心叶后期出现症状（图1-17）。

（a）发病症状-1　　　　　　　　　　（b）发病症状-2

（c）发病症状-3　　　　　　　　　　（d）田间表现

图1-17　槟榔芽腐病症状（吕朝军　拍摄）

二、病原

病原菌为蜜色疫霉（*Phytophthora meadii*），属霜霉目（Peronosporales），腐霉科（Pythiaceae），疫霉属（*Phytophthora*）。孢子囊椭圆形，长椭圆形或倒梨形。乳突1个，偶尔2个，大多明显，平均厚度4.1 μm。孢子囊具脱落性，孢囊柄中等长度（图1-18）。无厚垣孢子。藏卵器平均直径28 μm，柄棍棒形。雄器围生。最高生长温度33 ℃。

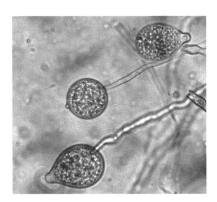

图1-18　蜜色疫霉孢子梗及孢子囊（朱辉　拍摄）

三、防控技术

（一）田间管理

平衡施肥，浇水切忌过干或过湿，注意及时铲除病株。清除时从齐地面处将病株砍倒，并将其堆积或深埋，堆积时应将患部置于最底层以防病菌传播蔓延。砍倒病树后，对周围的植株喷施波尔多液保护。

（二）化学防控

由于该病初期症状不明显，稍有疏忽就可能酿成灾害，药剂治疗难以迅速产生效果，因此预防重于治疗。冬春季注意该病害防控，使用72%霜脲·锰锌可湿性粉剂500倍液或68%精甲霜灵水分散粒剂600倍液心叶喷施。

第七节　槟榔藻斑病

槟榔藻斑病是一种易发生于生长势弱的槟榔植株，严重时可导致叶片提早脱落、影响树势、进而引起减产的病害。

一、症状

可为害槟榔树干、叶柄、叶鞘和叶片，病害破坏叶和茎部的表皮层。叶片病斑近圆形，中央凹陷和有黄色晕圈，直径0.3～0.5 cm，深褐色，稍突起，其上有黄褐色毛毡状物，严重时叶片提早脱落。在叶柄和茎干上的病斑较多而密集，常汇合成不规则形的较大病斑，严重发生时可引起槟榔长势衰弱（图1-19）。

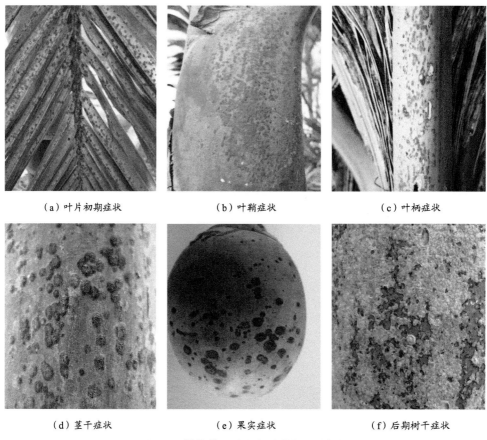

（a）叶片初期症状	（b）叶鞘症状	（c）叶柄症状
（d）茎干症状	（e）果实症状	（f）后期树干症状

图1-19　槟榔藻斑病症状（芮凯　拍摄）

二、病原

　　槟榔藻斑病的病原为头孢藻（*Cephaleuros virescens* Kunze），在分类地位上属绿藻门（Chllorophyta）、橘色藻目（Trentepohliales）、头孢藻属（*Cephaleuros*）。它是一种弱寄生绿藻。

（一）生物学特性

　　发病部位的毛毡状物为绿色头孢藻的营养体，后期发病部位长出的毛状物是孢子囊梗和孢子囊。孢子囊从叶表面的菌体发育而来，孢子囊梗顶端膨大，其上生8～12个小梗，每个小梗顶生1个卵形孢子囊，橙黄褐色，大小（14～20）μm×（16～24）μm，成熟后脱落，遇水释放出侧生双鞭毛、椭圆形、无色的游动孢子（图1-20）。在BBM培养基藻体生长缓慢，生长时间在6个月内的藻落，其直径不超过5 mm（图1-20）。

图1-20　头孢藻孢子囊梗及孢子囊（徐明月　拍摄）

（二）侵染循环

头孢藻以孢子借助风雨、昆虫进行传播，落在寄主组织表面。侵染过程不详，但已经明确头孢藻是在叶组织表皮下生长，并导致表皮细胞坏死，突破表皮后，形成孢子囊，释放孢子，在风雨或昆虫的帮助下进行下一轮传播。

该病的发生同植株本身生长条件和外界环境因子密切相关，植株生长不良，栽培管理不善，杂草丛生、地势低洼、阴湿或过度密植、通风不良、干旱或水涝的条件下，槟榔易受侵染，发病较重；天气潮湿闷热、降雨频繁有利于病害发生和蔓延。

三、防控技术

（一）化学防控

未发病时，待雨季结束后，喷施1%的波尔多液、77%氢氧化铜可湿性粉剂、80%代森锰锌可湿性粉剂等药剂进行保护。发病初期使用80%乙蒜素乳油800倍液或10%苯醚甲环唑悬浮剂500倍液喷施，发病中期使用18%春雷霉素·松脂酸铜悬浮剂800倍液、47%春雷·王铜可湿性粉剂600倍液叶面喷施。

（二）田间管理

绿色头孢藻易感染生长势弱的植株，因此应合理施肥，提高植株抗病性；合理密植，清除田园杂草，通风透光，避免过度荫蔽；清除园内病残体，减少侵染源。

第八节 槟榔煤烟病

槟榔煤烟病是一种在海南各槟榔种植园中普遍发生的叶部病害，它会导致植株生长势减弱和产量下降。

一、症状

主要为害槟榔树叶片。发病初期，感病叶片上散布着煤烟状小霉斑，病斑圆形。随后病斑逐渐扩大，相互连接成片，表现为受害部位覆盖一层煤粉状的黑霉，即为病原菌的菌丝体及分生孢子。霉斑呈辐射状扩展，严重时整个叶片几乎布满煤烟状霉层，病斑老化时煤粉层呈片状，易剥落。煤烟层能阻碍槟榔叶片正常的光合作用，导致植株生长势减弱（图1-21）。

（a）感病叶片上的煤烟状小霉斑与黑刺粉虱-1
（芮凯 拍摄）

（b）感病叶片上的煤烟状小霉斑与黑刺粉虱-2
（芮凯 拍摄）

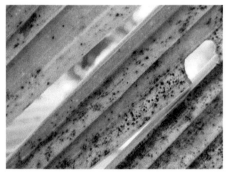

（c）感病叶片上的煤烟状小霉斑与黑刺粉虱-3
（芮凯 拍摄）

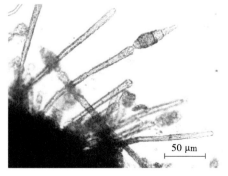

50 μm

（d）链格孢菌分生孢子
（陈圆 拍摄）

图1-21 槟榔煤烟病症状及病原

二、病原

槟榔煤烟病的病原有多种，在海南，已检测出链格孢菌（*Alternaria* sp.）和煤炱菌（*Capnodium* sp.）为其病原菌。

（一）生物学特性

链格孢菌属半知菌亚门（Deuteromycotina）、丝孢纲（Hyphomycetes）、丝孢目（Filamentous）、链格孢属（*Alternaria*）真菌。菌丝体暗褐色或黑色，表生，菌丝直径8.92～13.12 μm；分生孢子梗暗褐色，单生或数根束生，梗直而不分歧，有隔，分隔处多数缢缩，由菌丝上产生，基细胞梢窄，顶细胞呈棒状膨大，梗长59.41～139.76 μm；分生孢子倒棒形，褐色或青褐色，有纵隔膜1～2个，横隔3～4个，横隔处有缢缩现象，中间2个细胞膨大，最大的细胞颜色较深，暗褐色，两端细胞色较浅，壁较光滑，（30.12～45.64）μm×（17.25～17.40）μm。

煤炱菌属子囊菌亚门（Ascomycotina）、腔菌纲（Loculoascomycetes）、座囊菌目（Dothideales）、煤炱菌属（*Capnodium*）真菌。菌丝体绒毛状，由圆形细胞组成。子囊座无刚毛，表面光滑，或有菌丝状附属丝。子囊孢子具纵横隔膜，砖格形，多胞，褐色。

（二）侵染循环

槟榔煤烟病的病原以孢子形式通过蚜虫、黑刺粉虱、矢尖蚧、蜡蝉等昆虫传播。当槟榔叶片表面有这些昆虫的分泌物时，即可诱发煤烟病。

三、防控技术

（一）化学防控

由于槟榔煤烟病的发生与蚜虫、介壳虫、粉虱等刺吸式口器害虫的为害密切相关，因此应注意防治此类有害昆虫，可喷施70%吡虫啉可湿性粉剂3 000～5 000倍液，在若虫期喷杀；发病初期可用32%丙环·嘧菌酯悬浮剂1 500倍液喷施叶面，每隔10～15天喷施1次，共喷施3次。

（二）田间管理

加强田间栽培管理，合理密植并注意通风透光，合理施肥，及时清除病叶，以利通风透光，增强树势减少侵染来源以防病害蔓延。

第九节　槟榔拟盘多毛孢菌叶斑病

一、症状

槟榔拟盘多毛孢菌叶斑病为害槟榔叶片，病斑多出现在叶尖和叶缘，病害初期在叶片上形成褐色的小点，后期扩散形成不规则或长条形的灰褐色病斑，不规则形，无黄色晕圈，病部组织枯死，呈现灰白色，其上有大量小黑点是分生孢子盘（图1-22）。

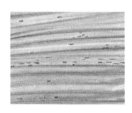  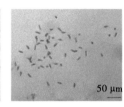 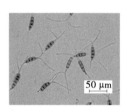

（a）叶片症状　　　　　　　　　（b）病原菌形态

图1-22　槟榔拟盘多毛孢菌叶斑病症状及病原（芮凯　拍摄）

二、病原

（一）生物学特性

病原菌为拟盘多毛孢菌（*Pestalotia palmarum* Cooke），半知菌亚门（Deutero mycotina），盘多毛孢属（*Pestalotiopsis*）。

病原菌的分生孢子盘初埋生，成熟后突破表皮而外露，散生，暗褐色，直径200～300 μm；呈盘状，分生孢子梗短而小，无色无分离，不分枝；产孢细胞无色，短，圆柱形，环痕型产孢；分生孢子纺锤形，直，有隔膜4个，分隔处无或稍缢缩，中间3个细胞淡褐色，两端细胞无色，顶端有3根无色刺毛，偶有分枝，长12～22 μm。

（二）侵染循环

该病在海南全年均有发生，温暖潮湿，郁闭的条件利于该病发生。带病种苗、田间病株及其残体是该菌的主要侵染来源。病菌以菌丝体或分生孢子器在病部辗转传播蔓延。

三、防控技术

（一）田间管理

合理密植和施肥；加强田间管理，科学浇水，及时排除积水，保证槟榔园通风透光，避免土壤过湿，及时清理发病叶片以及发病严重植株，防止病情传播扩散。

（二）化学防治

发病初期，喷施75%百菌清可湿性粉剂500倍液、80%代森锰锌可湿性粉剂600倍液；发病中期，使用60%吡唑醚菌酯·代森联水分散粒剂800倍液、10%苯醚甲环唑悬浮剂1 000倍液进行叶面喷施。

第十节　槟榔花穗回枯病

一、症状

病害发生初期，症状主要在雄花的小花轴上出现，随后在主轴发生，出现淡褐色病斑，很快从顶部向下蔓延至整个花轴，引起花穗萎蔫，受害花轴的雌花变褐色枯萎脱落。发病严重时，病害从花穗顶端继续向下扩展，导致花穗回枯。病害全年均有发生，干旱期尤为严重（图1-23）。

图1-23　槟榔花穗回枯病症状（谢圣华　拍摄）

二、发病原因

营养和生理因素是槟榔花穗回枯的主要原因。Raghavan等认为授粉不良和营养缺乏可引起雌花脱落。

三、防控技术

可采用人工辅助授粉，提高坐果率来防止此病发生。

加强栽培管理，施用草木灰、硫酸钾等肥料，可减轻病害的发生。

施用0.136%赤·吲乙·芸苔可湿性粉剂8 000倍液或5%胺鲜酯水剂2 000倍液等生长调节剂提高槟榔的坐果率。

第十一节 槟榔生理性黄化

一、症状

发病槟榔园所有植株同时出现黄叶症状，没有明显的发病中心。植株从最下层老叶的叶尖开始变黄，然后有次序地向上层叶片黄化，下层黄化叶片叶尖变灰褐色坏死。叶片黄化过程先为橘黄色，后呈灰褐色坏死大斑。病健交界不明显，有时最下层老叶完全发黄枯萎脱落，但上层叶片仍健绿。

二、发病原因

（一）水

位于地势较低、排水不畅以及长期淹水的槟榔园，槟榔根系长时间处在渍水、缺氧的土壤环境，难发新根，致使植株根系吸收能力差，缺乏营养，导致出现黄化症状；位于山坡上土壤保水效果不好的槟榔园，由于干旱缺水，导致出现大面积黄化症状。

（二）肥

槟榔园种植管理模式粗放，导致园内杂草多且深，加上不施肥，造成槟榔大面积黄化，这种症状在苗期槟榔园中尤为明显；只施用氮磷钾而忽略了中微量元素的补充，也是造成槟榔生理性黄化的重要原因；有些种植户直接将肥料堆放在槟榔根附近，不仅不利于肥料的吸收，而且容易伤根，引起槟榔生理性黄化。

（三）除草剂

槟榔是浅根系植物，大量使用以草甘膦为代表的灭生性除草剂或使用除草剂的浓度过高，很容易伤害根系，导致槟榔出现生理性黄化。

三、防控技术

槟榔生理性黄化无传染性，可以通过栽培管理的方式恢复槟榔树的生长状况，因此应重视槟榔生理性黄化和侵染性黄化病的区分，在采取防控措施之前一定要明确原因，以利于采取正确的措施进行防控。

对于因水造成的黄化病，控制好田间湿度可以有效预防。低洼地区和水田多挖排水沟，及时排除积水；坡地根据气候条件及时浇水，保持土壤湿度。

对于因施肥造成的黄化，应根据槟榔不同物候期的营养需求和土壤的肥力状况合理施肥。施肥过程中应注意大量元素与中微量元素并举，增施有机肥和农家肥。

减少除草剂特别是灭生性除草剂的使用，采用人工除草，砍去林间杂树，保留矮小灌木、飞机草和其他矮草，使林下有一定的荫蔽。严格按照推荐浓度使用除草剂，从而减少对槟榔根系的伤害。

第二章 槟榔主要害虫识别与防控

第一节 红脉穗螟

一、分类学地位

红脉穗螟（*Tirathaba rufivena* Walker），属于鳞翅目（Lepidoptera）螟蛾科（Pyralidae），又名槟榔吊丝虫，钻心虫。

二、分布范围

国内分布：海南、台湾、广东等地。

国外分布：马来西亚、泰国、菲律宾、印度、印度尼西亚、斯里兰卡、澳大利亚等国家。

三、形态学特征

卵（图2-1-a）：长0.55～0.64 mm，宽0.40～0.44 mm，椭圆形，具网状纹，初产时乳白色，1天后呈黄色，卵孵化前呈橘黄色。

幼虫（图2-1-b）：老熟幼虫长约22 mm，体圆筒形，向两端渐细，初孵化的幼虫白色透明，随虫龄的增长体色逐渐变深而呈黑褐色，老熟时略呈淡褐色，头及前胸背板黑褐色，有光泽，臀板黑褐间黄褐色，中胸背板具有5个不规则的褐色斑点，腹部各节亚背线、背线、气门上下线处均各有1对黑褐色大毛片，其上着生1～2根长刚毛。

蛹（图2-1-c）：长10～13 mm，红褐色，背面有1条明显而颜色较深的纵脊，翅芽下端伸达第4腹节后缘，腹末有臀棘4枚。雄蛹生殖孔在第9腹节，生殖孔两侧有2个乳状突起；雌蛹生殖孔在第8腹节，两侧无乳状突。蛹外有茧。

成虫（图2-1-d）：体长13 mm左右，翅展23～25 mm。前翅绿灰色，中脉、肘脉及臀脉和翅后缘均被有红色鳞片，使脉纹显现红色；中室区有白色纵带1条，外缘有1列小黑点、中室端部和中部各有1大黑点，翅基和顶角散生较多模糊的小黑点。后翅及腹部橙黄色。雄蛾体较细小，体色较浅而鲜艳，下唇须短，翅外缘2条银白色斑纹明显可见；雌蛾体较粗大，体色较深，下唇须长，从背面明显可见，翅外缘2条银白斑纹不明显。

（a）卵　　　　　　　　　　（b）幼虫

（c）蛹　　　　　　　　　　（d）成虫

图2-1 红脉穗螟不同虫态形态学特征（吕朝军　拍摄）

四、为害特性

红脉穗螟在槟榔上主要以幼虫食害花穗（图2-2-a）、果实（图2-2-b）及心叶（图2-2-c、d），其中以花穗受害最为严重，当种群较大时，亦可为害在下层叶片的叶腋和树冠。幼虫在槟榔未展开的花穗上取食，并分泌丝将粪便、食物残渣和花缀成簇，使花穗不能正常开放，未能展开的花穗枯死；受害较轻的花穗展开后，能开花结果，但果实容易脱落。在盛果期，幼果和中等果也容易受幼虫为害，蛀食果实内的种子和部分内果皮；受害果实内有1~2头幼虫，最多有4头，使果实先变黄，后干枯。幼虫也会啃食外表皮，造成流胶或形成木栓化硬皮（图2-2-d），严重影响果实品质。

红脉穗螟在树冠心部为害心叶时，常可见大量虫粪在生长顶堆积，当积累到一定量的虫粪后如遇下雨或高湿环境，会导致虫粪发酵，最终引起槟榔心部腐烂，诱发芽腐病，并吸引黑水虻等在心部大量滋生，加速植株的死亡。

（a）为害花穗　　　　　　（b）为害槟榔果实　　　　　　（c）为害槟榔心叶

（d）为害心叶展开状　　　　（e）为害槟榔叶鞘　　　　　　（f）为害槟榔苞叶

图2-2　红脉穗螟为害特性（吕朝军　拍摄）

五、生物学特性

卵平均孵化率为92.3%，孵化盛期为9：00—11：00。

幼虫行动敏捷，畏光。1个花苞内可多至几十头、百头幼虫集中为害。被害花苞常在未打开前就发黑腐烂。老熟幼虫在被害部位吐丝结缀虫粪作茧，1～2天后化蛹。红脉穗螟完成一个世代需30～43天，其中卵期2～3天，幼虫20～22天，蛹10～11天。幼虫有5龄，个别有6龄。

成虫羽化高峰期为18：00—21：00，羽化率平均为95.2%，多数于羽化后第2～3天夜间交尾。3：00—5：00为交尾盛时，交尾后次日晚开始产卵，产卵期3～9天，产卵时间多为21：00—24：00。产卵部位因槟榔物候期不同而异，在槟榔花苞未打开前，卵产于花苞基部缝隙或伤口处，初孵幼虫由此钻入花穗；开花结果期，成虫产卵于花梗、苞片、花瓣内侧等缝隙、皱褶处；果期，产卵于果蒂部；收果后还可产卵于心叶处。卵多为聚产，几粒到几十粒不等。产卵量平均为125粒。雌雄性比为1.25∶1。以5%糖水作为补充营养，成虫寿命为4～17天，平均12.2天。

六、防控技术

（一）生物防治

红脉穗螟在田间生防资源较多，包括蜘蛛类、螳螂类、寄生蜂类及生防微生物等，这些天敌资源在田间很大程度上对红脉穗螟的种群发展起抑制作用。

1. 寄生蜂

（1）褐带卷蛾茧蜂*Bracon adoxophyesi* Mimanikawa。

卵（图2-3-a）长椭圆形，一端较粗，另一端较细。白色透明，表面光滑，长0.43～0.71 mm，宽0.14～0.20 mm。

幼虫（图2-3-b）纺锤形，白色或淡黄色，表面透明、光滑，体表下层有乳白色颗粒状物，体内为淡黄色或淡红色。

茧（图2-3-c）为椭圆形，白色丝膜组成，一端部有黑褐色斑点，外围有白色丝状物；蛹为离蛹，长椭圆形，初形成的蛹为白色，之后颜色逐渐变深，老熟蛹主要为棕黄色或褐色。

成虫（图2-3-d）体色主要为棕黄色。触角线状，雌成虫触角14～19节，较粗短，雄成虫触角19～24节，较细长，长度为雌成虫触角的2倍；触角槽间凹陷深；复眼黑褐色无凹陷，颜面密被刻点；足棕黄色，端跗节黑色；翅带烟色，翅痣暗褐色；腹背板具刻纹；第1腹背板中端隆起，具深刻点，两侧由平行短刻条纹包围；产卵鞘黑褐色，长度约为腹部的1/3。

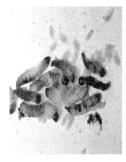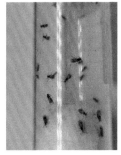

（a）着生于红脉穗螟体　　　（b）褐带卷蛾茧蜂幼虫　　　（c）褐带卷蛾茧蜂茧　　　（d）褐带卷蛾茧蜂成虫
表的褐带卷蛾茧蜂卵

图2-3　褐带卷蛾茧蜂形态特征（吕朝军　拍摄）

（2）麦蛾柔茧蜂*Habrobracon hebetor* Say。

雌蜂（图2-4-a）体长约2.8 mm。体褐黄色，触角黑色；单眼区、后头、脸中部、中胸背板、中胸侧板、并胸腹节暗褐色；翅透明，翅痣与翅脉褐色。腹部第3背板及以后背板黄褐色；产卵管鞘黑褐色。体具细致的革质状纹，生有白色短柔毛。触角短，14节，柄节圆筒形，鞭节第1节比第2节稍长；侧单眼间距较单复眼间距为近。胸部无刻点，盾纵沟弱，平滑；并胸腹节无中纵脊。腹部第1背板宽等于长，向基部渐窄，端部有一拱起的三角区；产卵管约为腹长的1/3。

雄蜂（图2-4-b）触角细长，19～21节，丝状。腹部第1、2节灰黄色。

（a）雌蜂　　　　　　　　　　（b）雄蜂

图2-4　麦蛾柔茧蜂（钟宝珠　拍摄）

（3）周氏啮小蜂*Chouioia cunea* Yang。

海南种群的周氏啮小蜂雌蜂体长0.9～1.2 mm，头部、腹部近黑色，前胸淡黄色。触角11节，各节褐黄色，梗节约与第1索节等长；环状3节，分节不明显；索节3节，各节长宽约相等；棒节3节，第3节细小，端部具一明显的端刺。头部宽大于高，唇基基部两侧角各具一小陷孔；两侧单眼间距是侧单眼至中单眼距离的2倍；下颚、下唇复合体均为污黄色。前胸背板除后缘有1排鬃毛外，其他部分也生有较密的黑色短毛。中胸背片中叶上散生着30根左右刚毛；两侧叶上的刚毛也较密，三角片上光滑无毛。中胸小盾片网状刻纹明显；中胸小盾片略呈八边形，长宽近相等，但两后侧角明显向外延伸，显得小盾片后部较宽。翅透明，翅脉色同触角，前翅长为宽的2倍，基室正面在端部的中部生有2根毛；基室外方区域内的纤毛比翅面其他区域的纤毛稍稀；基脉上有毛，肘脉及亚肘脉上在基室长度的1/2前后开始生有1排整齐的纤毛。足的腿节外方、胫节及跗节上生有密的刚毛。腹部圆形，长宽基本相等，腹部长度比胸部略小。

腹部在第2节后缘及第3节前缘处最宽，向前向后逐渐变窄；第7节最小，圆锥形位于腹末。雄虫体长1.0 mm。与雌虫相似，腹部略短于胸（图2-5）。

（a）幼虫　　　　　　（b）蛹　　　　　　　　（c）成虫

图2-5　周氏啮小蜂（海南种）（钟宝珠　拍摄）

周氏啮小蜂子代雌性个体较多，雌蜂占比接近90%。周氏啮小蜂可单头或多头同时寄生红脉穗螟的一头蛹（图2-6），当多头寄生时，在周氏啮小蜂幼虫发育后期甚至会出现幼虫撑破红脉穗螟蛹的现象。

（a）成虫寄生红脉穗螟蛹　　　（b）红脉穗螟蛹体内的
周氏啮小蜂蛹

图2-6　周氏啮小蜂寄生红脉穗螟（吕朝军　拍摄）

以黄粉虫蛹为寄主，根据被寄生的蛹的大小不同，单头蛹可繁育出115～280头啮小蜂（图2-7），亦可选用椰子织蛾、柞蚕、大蜡螟等进行繁育。

（a）黄粉虫繁育的周氏　　　（b）黄粉虫繁育的周氏
啮小蜂蛹　　　　　　　　啮小蜂成虫

图2-7　以黄粉虫为寄主繁育的周氏啮小蜂（吕朝军　拍摄）

褐带卷蛾茧蜂和麦蛾柔茧蜂均为红脉穗螟幼虫的体外寄生蜂，其寄生时会在红脉穗螟幼虫周围反复试探，有时会连续用尾针刺死多个幼虫后才最终选择一个适合的寄主进行寄生。在确定适合的寄主后，褐带卷蛾茧蜂会先麻痹寄主，然后将卵以块状或单粒产在寄主体表，待数日后卵孵化，幼虫即吸食红脉穗螟的体内营养物质完成生长发育。幼虫发育老熟后，会在红脉穗螟体表及周边吐丝形成1个白色的茧，幼虫在茧内完成预蛹和蛹的发育过程。成虫羽化后即可交配，然后自行扩散至周边对其他寄主进行生物防控。

在园区释放时，为了保证对红脉穗螟幼虫和蛹具有联合防控效果，可采取"褐带卷蛾茧蜂+周氏啮小蜂""麦蛾柔茧蜂+周氏啮小蜂""褐带卷蛾茧蜂+麦蛾柔茧蜂+周氏啮小蜂"的混合释放模式，达到1次释放控制红脉穗螟多种虫态的目的。释放器具建议采取试管释放法（图2-8），亦可在槟榔园中设置多个固定的释放点（图2-9），然后将装有寄生蜂的试管置于释放点中即可。

（a）释放周氏啮小蜂（海南种）　　　　（b）释放褐带卷蛾茧蜂

图2-8　试管法释放寄生蜂（吕朝军　拍摄）

释放槟榔园应有红脉穗螟为害，植株受害率不低于2%，释放区近15天内未使用过化学杀虫剂。每年5月和11月集中释放，其余月份当染虫株率高于5%时补充释放。选择20～34 ℃、无雨无雾、风力小于3级的天气，在6：00—9：00和16：00—18：00释放，释放后3天内无降雨。释放器具可采用试管放蜂法或杯状释放器，其中试管放蜂法可采用试管直接释放，管口向上，试管与水平角度不小于30°；释放瓶和杯状释放器可直接用纸杯或塑料瓶制作。释放时直接将释放瓶和释放杯悬挂于槟榔园，将寄生蜂置于杯中即可。间隔≤30 m设置一个释放点，放蜂器悬挂高度不低于1.5 m，且放蜂点应有红脉穗螟为害。根据红脉穗螟虫口密度，以寄生蜂数量：红脉穗螟虫口数=15：1的蜂虫比确定释放寄生蜂的数量，其中茧蜂和周氏啮小蜂的数量比例为2∶1。

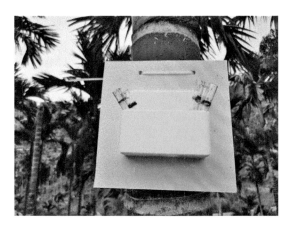

图2-9 田间设置固定的寄生蜂释放点（吕朝军 拍摄）

针对园区蚂蚁数量较多，会捕食释放点内试管中的寄生蜂的问题，可在试管上部涂抹防虫剂（图2-10），防止蚂蚁进入试管内部，同时寄生蜂尽量选择成蜂或即将羽化的蛹进行施用。

图2-10 寄生蜂放蜂管涂抹防蚁剂（吕朝军 拍摄）

2. 垫跗螋*Chelisoches mori*o Fabricius

隶属革翅目Demaptera、球螋总科Forficuloidea、垫跗螋科Chelsochidae、垫跗螋属*Chelisoches*。其识别特征如下。

卵椭圆形，长约1.2 mm，宽约0.9 mm，初产卵为浅黄色，孵化前变为半透明黄白色（图2-11），可见2个小斑点，为复眼。卵粒表面覆盖有透明的黏稠状物。

图2-11 垫跗螋卵块（吕朝军 拍摄）

初孵化的若虫为乳白色，随着生长体色加深。

雄虫（图2-12-a）体形狭长，体长约19.3 mm（带尾铗）；体黑色或暗褐色，具光泽。触角17～21节，第4节和第5节均短于第3节。前胸背板长大于宽，基部稍宽于头部，前缘横直，两侧向后稍扩宽，后缘圆弧形，背面前部稍圆隆，散布刻点和皱纹；足第2跗节腹面具1长于本节的狭长叶突，常延伸至第3节的中后部，仅从第3节基部或两侧可见。腹节9节，腹末背板宽大于长，两侧平行，后缘圆弧形，密布粗糙刻点和皱纹；臀板小，后外角近直角形；尾铗较长，基部内缘常扩宽，内缘具明显的多对齿突。

雌虫（图2-12-b）形态与雄虫相似，但其体长约18.5 mm（带尾铗）；足的第2跗节腹面具狭长叶突，常延伸至第3节的中后部，仅从两侧可见；腹部可见腹节7节，腹末背板后部较窄，尾铗较细长，内缘较直，无齿或具不明显的小锯齿形。

（a）雄虫　　　　　　　　　　（b）雌虫

图2-12 垫跗螋成虫（吕朝军 拍摄）

垫跗螋在槟榔园自然种群数量大，室内研究结果表明，垫跗螋成虫活泼好动，行动非常敏捷，并不断用触角到处探索。当其触角搜索到红脉穗螟幼虫时，即迅速转身，用尾铗夹紧幼虫，腹部剧烈摆动，若幼虫逃脱则继续搜索夹紧，如此反复直至幼虫死亡，个别的垫跗螋会拖住幼虫不停地走动，并不时回头观察幼虫状态，待到幼虫筋疲力尽或死亡时停下来开始取食，取食一半后便松开尾铗，被捕幼虫被取食殆尽后继续寻找下一目标。个别垫跗螋攻击幼虫致死后并不取食，导致幼虫的被攻击死亡数量远大于实际取食数量。垫跗螋捕食1头2～3龄红脉穗螟幼虫用时为5～10 min。

在一定的虫口密度范围内，随着红脉穗螟幼虫密度的增大，垫跗螋的捕食量也相应增大，但当红脉穗螟幼虫密度增加至一定量时，垫跗螋的捕食虫数增加量相对迟缓，校正捕食量和红脉穗螟的虫口密度呈现一定的相关性。在相近的虫口密度下，垫跗螋对红脉穗螟2～3龄幼虫的校正捕食量较4～5龄幼虫的大。

垫跗螋是一种活动能力较强的本地天敌，经调查发现，该虫具有避光性，喜欢阴暗潮湿的生活环境，在田间种群数量庞大，在棕榈植物中常隐藏于叶腋部或花苞中，对为害心叶组织和花苞的害虫具有潜在捕食特性，其成虫可存活3～5个月，作为槟榔红脉穗螟的本土捕食性天敌，在其发挥对红脉穗螟的控制中起着不容忽视的作用。

3. 绿僵菌 *Metarhizium anisopliae*

金龟子绿僵菌作为生防因子之一，是当今世界应用最为广泛的一种昆虫病原真菌，具有从体壁侵入的能力，由于其对昆虫致病力强，在田间能形成再侵染，具有持续控制害虫的潜力等优点而逐渐受到重视，已经被开发成多种剂型。研究表明，将死亡虫体保湿培养，感染绿僵菌的红脉穗螟幼虫在3天后随着病情的发展，虫体行动迟缓，取食量减少，随后1天左右虫体僵硬，与死亡无异，从虫体的褶皱凹陷及足关节等部位长出白色菌丝；2天后全身长满菌丝，且出现淡绿色孢子；3天后绿色孢子覆盖幼虫全身（图2-13）。

图2-13 红脉穗螟幼虫感染金龟子绿僵菌后的形态学变化（钟宝珠 拍摄）

田间试验显示，绿僵菌在施药前期效果不明显，随着时间的延长，被感染的红脉穗螟幼虫数量增加，呈现后期药效高，持效期较长的特点。

4. 苏云金芽孢杆菌 *Bacillus thuringiensis*

苏云金芽孢杆菌（Bt）对鳞翅目害虫幼虫有较好的防治效果，其杀虫原理是，苏云金杆菌经害虫食入后，寄生于寄主的中肠内，在肠内合适的碱性环境中生长繁殖，它们作用于虫体的中肠上皮细胞，引起肠道麻痹、穿孔、虫体瘫痪、停止进食。随后苏云金杆菌进入血腔繁殖，引起白血症，导致虫体死亡。

Bt对红脉穗螟幼虫具有很强的毒杀作用，毒力与菌液浓度呈正相关，同一浓度处理不同龄期幼虫，虫龄越小死亡率越高。经不同浓度菌液处理老熟幼虫后，或造成后期的蛹死亡，成虫羽化率明显降低。用浓度为1.2亿孢子/mL菌液处理红脉穗螟幼虫，总死亡率接近100%。同时Bt感染后红脉穗螟幼虫取食能力和生长发育受到明显的影响。用120亿孢子/mL Bt乳剂800倍液和1 600倍液处理后96 h，幼虫取食量分别降低57.24%和56.67%，虫体增重分别比对照降低98.21%和94.21%。

（二）化学防治

目前红脉穗螟仍以化学防治为主。研究结果表明，阿维菌素和高效氯氰菊酯均对红脉穗螟表现出较好的生物活性，同时在二者以5∶1比例混配时表现出很好的增效作用，共毒系数达259.07；鱼藤酮和茶皂素对红脉穗螟3龄幼虫的LC_{50}分别为19.06 mg/L和35.07 mg/L。鱼藤酮和茶皂素以有效成分1∶1、5∶1、1∶2和1∶5混配后，对红脉穗螟均表现出增效作用。其中以1∶5混配处理组的共毒系数最高，达327.26；1∶2混配处理组次之，共毒系数为298.16。5%氯虫苯甲酰胺悬浮剂1 000倍液处理的田间防效高且起效快，药后1天虫口减退率达98.05%；持效期较长，药后10天虫口减退率100%。

经印楝素处理后，红脉穗螟幼虫和蛹的发育历期与对照相比均有所延长，成虫寿命变短，同时处理后红脉穗螟成虫产卵量及后期的卵孵化率均显著降低，其中经LC_{25}（21.22 mg/L）、LC_{50}（57.75 mg/L）和LC_{90}（386.96 mg/L）剂量处理后，产卵量分别降低14.30%、20.38%和19.43%，卵孵化率分别降低了24.24%、26.89%和31.60%。烟碱不仅可杀死红脉穗螟幼虫，同时对卵的孵化率、老熟幼虫化蛹率及成虫的羽化率均可造成影响。甲氨基阿维菌素苯甲酸盐和棉铃虫核型多角体病毒对红脉穗螟均有很好的防治效果，田间试验结果表明：0.5%甲氨基阿维菌素苯甲酸盐450～675 g/hm²、20亿PIB/g棉铃虫核型多角体病毒360 g/hm²对槟榔红脉穗螟的防治效果均在90.59%以上。

另外，可选用20%虫螨腈·唑虫酰胺微乳剂800～1 500倍液、15%甲维·茚虫威悬浮剂3 000倍液；或者在幼虫盛发期，选用5%氯虫苯甲酰胺悬浮剂1 000倍液，可以有效减低虫口密度；在槟榔剑叶（心叶）被害时和槟榔红脉穗螟幼虫发生高峰期用2.5%高效氯氟氰菊酯水乳剂1 500倍液喷雾。

植物次生物质的应用方面，青葙（图2-14）提取物对红脉穗螟的幼虫化蛹具有一定抑制作用，其中甲醇提取物处理后7天的化蛹率仅66.3%，显著低于对照处理（91.70%）；红脉穗螟老龄幼虫取食经青葙提取物处理后的叶片，蛹重减轻，蛹长缩短；青葙提取物处理预蛹后，红脉穗螟成虫羽化率降低，羽化时间明显延长，且能诱导产生畸形个体。青葙的甲醇、正丁醇、去离子水提取物均会对红脉穗螟体重和成虫羽化造成影响，其中，甲醇提取物影响最大；各提取物中，仅甲醇提取物对虫体蛹发育造成影响，对蛹重的抑制率达到39.35%，对蛹长的抑制率达到29.05%。

飞机草（图2-15）乙酸乙酯提取物对红脉穗螟有较好的产卵忌避效果，选择性和非选择性忌避率分别为41.85%和46.84%；对飞机草乙酸乙酯提取物进行分级萃取测试各萃取物的活性发现，正己烷萃取物对红脉穗螟的产卵忌避作用和杀卵活性最强。田间试验表明，采用正己烷萃取物稀释50倍和100倍浓度进行田间喷雾，药后15天对红脉穗螟的种群控制率可达到50%以上。

图2-14　青葙（钟宝珠　拍摄）

图2-15　飞机草（钟宝珠　拍摄）

薇甘菊（图2-16）各提取物中，以正己烷和三氯甲烷提取物对红脉穗螟的产卵忌避效果最好，两者的选择性忌避率分别为43.64%和44.20%，非选择性忌避率分别为51.60%和59.20%。对卵孵化率的影响显示，薇甘菊各溶剂提取物均对红脉穗螟具有一定的杀卵活性，其中三氯甲烷提取物对卵孵化率的影响最大，校正孵化率仅为53.39%，而且三氯甲烷提取物引起的1龄幼虫的死亡率最高，可达42.64%。在薇甘菊三氯甲烷提取物的不同溶剂萃取物中，正丁醇萃取物对红脉穗螟的产卵忌避和杀卵活性均显著高于其他溶剂萃取物。

图2-16　薇甘菊（钟宝珠　拍摄）

（三）农业防治

清理园区，减少虫源：花期和果期，及时清除被红脉穗螟为害的花穗和果实，集中烧毁以减少虫源。采果结束后，结合田园管理，将采果时散落于园区地上带虫的果实捡起集中于袋子中，然后用绳子扎口置于地上，或挖坑将虫果土埋，以降低越冬虫源基数。红脉穗螟也为害椰子的花和果，故附近的椰子园也要清理。冬季结合清园，集中烧毁或堆埋园内枯叶、枯花、落果，减少来年的虫源。留种园则喷药1次。

割除无效花和被害花：槟榔采收末期或结束后，将提前开放的无效花割除，有虫害的花集中处理。盛花期发现被害花穗及时将其割除并集中处理。

第二节　椰 心 叶 甲

一、分类学地位

椰心叶甲（*Brontispa longissima* Gestro），隶属于鞘翅目（Coleoptera）叶甲总科（Chrysomeloidea）铁甲科（Hispidae）铁甲亚科（Hispinae）昆虫，别名红胸叶虫、椰子扁金花虫、椰子棕扁叶甲、椰子刚毛叶甲。

二、分布范围

国内分布：海南、广东、广西、云南、福建、香港、澳门和台湾。

国外分布：澳大利亚、巴布亚新几内亚、俾斯麦群岛、菲律宾、斐济群岛、富图纳群岛、关岛、柬埔寨、老挝、马达加斯加、马尔代夫、马来西亚、毛里求斯、密克罗西尼亚、缅甸、日本、萨摩亚群岛、塞舌尔、社会群岛、所罗门群岛、塔西提岛、泰国、瓦努阿图、新赫布里底群岛、新加坡、新喀里多尼亚、印度尼西亚、越南等。

三、形态学特征

卵（图2-17-a）：椭圆形，褐色，长1.5 mm，宽1.0 mm。上表面有蜂窝状平凸起，经常有分泌物覆盖，下表面无此结构。初产卵浅黄色透明，后颜色逐渐加深变成棕褐色。

幼虫（图2-17-b）：5龄，白色至乳黄色。初孵及刚蜕皮时体色为乳白色，慢慢体色变为黄白色。1龄幼虫长1.5 mm、宽0.7 mm，头部相对较大，体表的刺较老龄的明显，胸部每节两侧各有1根毛，腹部侧突上有2根毛，尾突的内角有1个大而弯的刺，背腹缘上有5～6根刚毛。2龄幼虫更趋近于成熟幼虫，腹部侧突比1龄幼虫的要长，每个侧突上有4根毛，分布在端部的不同点，刚毛比成熟幼虫的要长。前胸有8根毛，两边各4根；中后胸共6根毛，每边3根，2前1后。尾突内角上的刺和1龄幼虫的一样不太明显。成熟幼虫体长9.0 mm、宽2.25 mm，体扁平，两侧缘近平行。前胸和各腹节两侧各有1对侧突，腹9节，第8、9节合并，在末端形成对内弯的尾突。

蛹（图2-17-c）：长10.5 mm、宽2.5 mm，与幼虫相似，但个体稍粗，翅芽和足明显，腹末端仍有尾突，但基部的气门开口消失。

成虫（图2-17-d）：体扁平狭长，触角粗线状，11节，黄褐色；头部红黑色；前胸背板黄褐色，略呈方形，长宽相当，具有不规则的粗刻点，前缘向前稍突出，两侧缘中部略内凹，后缘平直，前侧角圆，向外扩展，后侧角具1小齿；鞘翅两侧基部平行，后渐宽，中后部最宽，往端部收窄，末端稍平截，中前部有8列刻点，中后部10列，刻点整齐。鞘翅前端为红黄色，中后面部分甚至整个全为蓝黑色，鞘翅颜色因分布地不同而有所差异。足红黄色，粗短，跗节4节。成虫羽化时体初为黄白色，后体色变深。

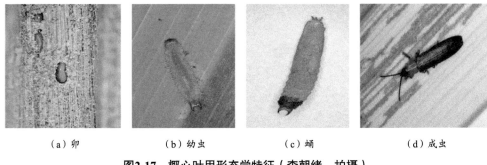

| （a）卵 | （b）幼虫 | （c）蛹 | （d）成虫 |

图2-17　椰心叶甲形态学特征（李朝绪　拍摄）

四、为害特性

成虫和幼虫在未展开心叶中沿叶脉平行取食表皮薄壁组织，在叶上留下与叶脉平行、褐色至灰褐色的狭长条纹，严重时条纹连接成褐色坏死条斑，叶尖干枯，整叶坏死。每株槟榔树上最多可有上百头虫为害。长势较弱的槟榔受椰心叶甲为害后恢复能力较弱。植株受害后期表现部分枯萎和褐色顶冠，造成树势减弱后植株死亡（图2-18）。

| （a）为害心叶形成褐色条斑 | （b）为害槟榔心叶至叶尖干枯 | （c）为害槟榔心部造成心部死亡 | （d）整园受害状 |

图2-18　槟榔受害状（李朝绪　拍摄）

五、生物学特性

椰心叶甲在我国每年发生3～6代，世代重叠；高温对椰心叶甲各虫态发育不利，干旱有利于此虫的发生；在高温多雨的情况下，此虫虽发生但并不造成严重为害。

卵产于心叶的虫道内，1～3粒呈1列或2列黏着于叶面，少数超过4个。卵周围粘满取食的残渣和排泄物。孵化时幼虫从卵的端部或近端部裂缝内钻出，在适宜条件下，孵化4~5 h后就可开始取食。幼虫喜聚集在新鲜心叶内取食，1~4龄幼虫蜕皮前0.5~1.5天、5龄幼虫在化蛹前2~3天停止取食。正常条件下，幼虫5龄，在环境不适宜条件下可进入6~7龄。幼虫主要取食寄主未展开的心叶表皮薄壁组织。成虫惧光，聚集在未展开的心叶基部活动，见光即迅速爬离，具有飞翔能力及假死现象，可近距离飞行扩散。

成虫白天、夜晚均可羽化。羽化时，蛹的前端裂开，头、胸部从蛹的裂口蠕动到蛹外，然后羽化爬出，成虫羽化需时10 min左右，羽化第2天即可取食。成虫羽化后无须取食即可交配。雌雄成虫均多次交配，一般交配时间约2~3 min，雌虫经过1次交配后可终身产正常发育的卵。雌虫也可不经交配产卵，但产下的卵无法孵化。雌虫交配20天后产卵，日产卵1~3粒，间隔期为1~2天，产卵期可达5~6个月。

六、防控技术

（一）化学防治

高效氯氰菊酯、啶虫脒、呋虫胺、噻虫嗪、高效氯氟氰菊酯等杀虫剂均可有效杀死椰心叶甲成虫和幼虫。施药方法可采用喷雾、心叶灌药、悬挂药包等，其中药包悬挂法持效期较长。

（二）生物防治

目前，生物防治途径中最成功的是利用寄生蜂防治椰心叶甲，主要是幼虫寄生蜂——椰甲截脉姬小蜂（*Asecodes hispinarum* Boucek）（图2-19-a）和蛹寄生蜂——椰心叶甲啮小蜂（*Tetrastichus brontispae* Ferriere）（图2-19-b）。中国热带农业科学院于2004年先后从越南、我国台湾引进上述两种寄生蜂，并成功熟化两种天敌寄生蜂的规模化生产技术，并进行了田间释放防治效果跟踪评价。曾对海南省17个市县297个放蜂点进行调查，结果表明，95%的调查点两种寄生蜂都已经建立种群，其中椰甲截脉姬小蜂对4龄幼虫的寄生率达70%，椰心叶甲啮小蜂对蛹的寄生率达60%~90%，收到了显著的防治效果。

椰心叶甲放蜂器可采用指形管放蜂器，或采用纸杯型放蜂器。指形管放蜂法是将即将羽化的椰心叶甲寄生蜂按照每指形管内椰心叶甲啮小蜂300头左右和椰甲截脉姬小蜂1 000头左右的标准，把寄生的椰心叶甲僵虫（含椰甲截脉姬小蜂50头左右/僵虫）和僵蛹（含椰心叶甲啮小蜂20头左右/僵蛹）装入指形管放蜂器中，并棉花塞紧管口；待羽化后，在气温20～33 ℃范围内、无雨无雾、风力小的天气条件下，按照2管/亩在槟榔园里度释放，释放时将指形管用胶带斜向上45°固定在槟榔树干上，固定高度1.5 m以上，然后拔出棉花塞，让指形管放蜂器内椰心叶甲啮小蜂和椰甲截脉姬小蜂自行飞出。每2个月释放1次，连续释放3次。纸杯型放蜂法则将混合后的被寄生蜂寄生的椰心叶甲僵虫和僵蛹直接放入杯装放蜂器中，然后将放蜂器悬挂于田间即可，放蜂量与指行管放蜂器相同。槟榔园采用放蜂时不能直接喷施化学杀虫剂，若喷施化学杀虫剂，需2个月后才能进行寄生蜂的释放，同时放蜂应尽力避开阴雨、低温、大风等不利天气，放蜂后若遇此类天气，应及时补放。释放寄生蜂时，槟榔园内应避免悬挂诱虫色板，以免寄生蜂被黏附而影响寄生蜂的寄生效果。

（a）椰甲截脉姬小蜂
（覃伟权　拍摄）

（b）椰心叶甲啮小蜂
（李朝绪　拍摄）

（c）绿僵菌寄生的幼虫
（孙晓东　拍摄）

（d）椰心叶甲天敌垫跗螋
（李朝绪　拍摄）

（e）杯状放蜂器放蜂
（谢圣华　拍摄）

（f）试管放蜂器放蜂
（谢圣华　拍摄）

图2-19　椰心叶甲生物防治资源

田间寄生蜂扩散距离测定结果表明，放蜂后20天的扩散距离最远为50 m，1.5个月后扩散最远距离为189 m，7个月后扩散距离最远为6 060 m，野外释放天敌时，应采用2种天敌混合释放的方式，以有效发挥2种天敌的联合增效作用，混合放蜂3～5次180天后，虫口减退率分别为91.19%、94.64%和97.39%。

此外对椰心叶甲有一定控制力的天敌还有绿僵菌（*Metarhizium anisopliae*）（图2-19-c）和球孢白僵菌（*Beauveria bassiana*）；捕食性天敌有垫跗螋（*Chelisoches morio* Fabricius）（图2-19-d）、黄猄蚁（*Oecophdla smaragdi*）（图2-20）等。

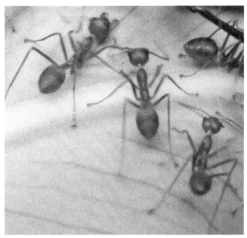

图2-20 黄猄蚁（吕朝军 拍摄）

第三节 红棕象甲

一、分类学地位

红棕象甲（*Rhynchophorus ferrugineus*），隶属于鞘翅目（Coleoptera），象甲科（Curculionidae），隐颏象亚科（Rynchoporinae），棕榈象属（*Rhynchophorus*）。

二、分布范围

国内分布：海南、广东、广西、重庆、台湾、云南、西藏、香港、澳门、江西、上海、四川、贵州、浙江、福建等地。

国外分布：印度、伊拉克、沙特、阿联酋、阿曼、伊朗、埃及、巴基斯坦、巴林、印尼、马来西亚、菲律宾、泰国、缅甸、越南、柬埔寨、斯里兰卡、所罗门群岛、新喀里多尼亚、巴布亚新几内亚、日本、约旦、塞浦路斯、法国、希腊、以色列、意大利、西班牙、土耳其等地。

三、形态学特征

卵（图2-21-a）：乳白色，具光泽，长卵圆形，光滑无刻点，长椭圆形；初刚产的卵透明，第3天略膨大，两端略透明，后又逐渐缩小至原状，孵化前卵前端有一暗红色斑。

幼虫（图2-21-b）：体柔软，皱褶，无足，气门8对，椭圆形；头部发达；腹部末端扁平略凹陷，周缘具刚毛。初龄幼虫体乳白色，比卵略细长。老龄幼虫体黄白至黄褐色，略透明，可见体内一条黑色线位于背中线位置。

蛹（图2-21-d）：离蛹，长椭圆形，初为乳白色，后呈褐色；前胸背板中央具一条乳白色纵线，周缘具小刻点，粗糙；喙长达前足胫节，触角长达前足腿节，翅长达后足胫节；触角及复眼突出，小盾片明显；蛹外被一束寄主植物纤维构成的长椭圆形茧（图2-28-c）。

成虫（图2-21-e、f）：身体红褐色，坚硬，光亮或暗；喙和头部的长度约为体长的1/3，口器咀嚼式；前胸前缘小，向后逐渐扩大，略呈椭圆形；前胸背板具两排黑斑，前排3个或5个，中间1个较大，两侧较小，后排3个均较大，有极少数虫体没有两排黑斑；鞘翅短，边缘和接缝黑色，有时鞘翅全部暗黑褐色；身体腹面黑红相间，腹部末端外露，每一鞘翅上具有6条纵沟；头部的延伸部分为喙，喙圆柱形；雄虫喙的表面较为粗糙，喙的背面近端部起1/2长外复有一丛短的褐色毛；雌虫喙的表面光滑无毛，且较细并弯曲（图2-21-g、h）。触角锤状，生于喙近基两侧，柄节棒状，直且较长；各足腿节短棒状，侧扁光滑，刻点细小，腹面密布橙黄色鬃毛，胫节近直，侧扁光滑，刻点细小，腹面内外两侧均具一列橙黄色鬃毛，胫节端钩发达，基部下缘两侧各具一簇长刚毛。雌虫各足腿节和胫节腹面鬃毛比雄虫短而稀疏。

(a) 卵　　　　　　　(b) 幼虫　　　　　　　(c) 茧　　　　　　　(d) 蛹

(e) 雄成虫　　　　　(f) 雌成虫　　　　(g) 雄成虫喙　　　　(h) 雌成虫喙

图2-21　红棕象甲形态学特征（吕朝军　拍摄）

四、为害特性

红棕象甲在槟榔上主要以幼虫为害叶柄的裂缝或组织暴露部位。幼虫钻进树干内取食输导组织，致使树势渐衰弱，易受风折，为害生长点时，可使植株死亡。成虫喜欢在植株伤痕、裂口或裂缝产卵，幼虫孵化后侵入树体，侵害老树时一般都是从树冠受害部位侵入。早期为害很难被察觉，后期可与槟榔其他病虫害联合为害，致使槟榔衰弱或死亡（图2-22）。

(a) 为害槟榔树冠　　(b) 树干造成孔洞　　(c) 红棕象甲幼虫　　(d) 红棕象甲茧
　（芮凯　拍摄）　　（吕朝军　拍摄）　　（芮凯　拍摄）　　（芮凯　拍摄）

图2-22　红棕象甲为害槟榔症状

五、生物学特性

各虫态均存在于植株组织内，世代重叠，发生随季节波动，在海南6—8月为成虫活动的高峰期。成虫白天隐藏于叶隙间，夜晚取食和交配时飞出。雌虫将卵产入叶柄或树冠、茎干的伤口和裂缝处。幼虫孵化后，便取食寄主的幼嫩组织并向树干内部钻蛀，在植株部形成错综复杂的蛀道。当幼虫老熟时利用寄主纤维作茧化蛹。

红棕象甲的交配行为整日可见。交配前，雄虫主动寻找雌虫，通过前足抱住雌虫的后胸，雌虫受到刺激后背负着雄虫爬行。在无外界环境干扰时，尤其是无其他成虫干扰时，红棕象甲单次交配时间均可达1 min。

产卵前，雌虫不停在寄主植物上四处爬动，找到适合位置后通过口喙和触角来触探表面，用喙将植物表面刺穿形成小孔，最后调转身体将产卵器插入小孔中产卵。有时产卵后雌虫会用口喙将卵推入植物组织更深处。一段时间后，植物组织会分泌汁液凝固将卵覆盖或粘在植物组织上。卵为单产，1处1粒。雌虫平均每日产卵1~5粒。卵产后3~5天便开始孵化。

幼虫孵出后便开始取食并钻蛀，靠身体的蠕动向前钻蛀和排出植物屑末。幼虫的钻蛀并无规律，1个钻蛀孔可存在多头幼虫。在幼虫密度过高时，幼虫会抢夺钻蛀孔。在幼虫钻蛀过程中，会伴随一系列的蜕皮行为。幼虫蜕皮时，首先旧头壳破裂，通过虫体向前蠕动以及白色带状物施加给旧表皮的阻力完成蜕皮，白色带状物会随着虫体蠕动向后缢缩。

幼虫老熟后便开始作茧化蛹。末龄幼虫首先通过上颚将周围的纤维撕下，然后通过一层层缠绕将整个虫体包裹起来。预蛹、蛹、成虫均在茧中形成。将摇动的茧平放在手掌后，明显感觉到茧壳内有节律的摆动，可以判断茧壳中的虫态为蛹；茧壳摇动后内部无明显变化或动作，可以判断茧壳中存在的虫态为预蛹或成虫。在整个茧的过程中，不同虫态存在茧壳的颜色和质地也不同，预蛹存在的茧壳颜色较浅且质地松软，而蛹和成虫存在的茧壳颜色较深且质地坚硬。

六、防控技术

红棕象甲的飞行扩散能力和对环境的适应能力较强，其钻蛀寄主植物具有很高的隐蔽性，使其侵染、蔓延的国家和地区逐年增多，一旦传入便迅速定居并扩散，且难以根除。加强监测预警，是控制该虫扩散的重要途径。对现有疫区，应采取信息素防治为主，其他防治措施为辅的综合治理策略。

（一）生物防治

目前已从红棕象甲僵虫上分离出黏质沙雷氏菌HN-1菌株，该菌株对红棕象甲具有较高的杀虫毒力。红棕象甲幼虫在HN-1菌液处理后，24 h后开始死亡，48～72 h达到死亡高峰。初始幼虫取食减缓，行动缓慢；24 h后感染个体身体出现红色液体，之后躯体慢慢变红，虫体变柔软（图2-23）。虫卵感染后24 h后变红，48 h呈深红色并浑浊变软。幼虫的死亡率达60%，虫卵孵化率降低80%。对死亡幼虫和卵进行再次分离，所得到分离物与原菌株的形态特征、培养性状等方面均一致，表明HN-1菌株为红棕象甲卵和幼虫的致病菌。该菌为后期田间生物防治红棕象甲提供新品种选择，也可以结合信息素引诱剂，达到联合诱杀的生物防治效果。

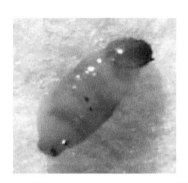

图2-23　感染HN-1的幼虫（孙晓东　拍摄）

另外，金龟子绿僵菌可侵染红棕象甲成虫。该菌通过接触红棕象甲，黏附于薄弱处。这种黏附不只是物理式的接触，而是一种伴随着大量生化反应的有机入侵过程，条件适宜正常萌发后长出菌丝，穿透寄主表皮感染体腔，并开始大量繁殖，直到寄主免疫系统崩溃死亡。红棕象甲成虫在接菌后24 h内，金龟子绿僵菌开始萌发，在黏附处发出分生孢子梗、芽管等结构；48 h即可见到菌丝大量滋生，爬满表皮，在薄弱处侵入，冲破寄主表皮防御，触角感受器以及毛发上长满菌丝；72 h金龟子绿僵菌的菌丝体已经感染体内气管、马氏管、脂肪、肌肉组织、腹部和头部器官，外部表皮可见到大量孢子体繁殖扩散，腿部跗节、气孔、毛窝和节间膜已经全部被菌丝体破坏充满。最后红棕象甲除坚硬的几丁质外壳，体内的营养物质被分解殆尽，体腔内全部被菌丝取代。

（二）理化诱控

每个诱捕器配备1～2个红棕象甲聚集信息素诱芯；根据地块的条件，将诱捕器设置于上风口的空旷地带，每45天对信息素诱芯进行1次更换，诱捕器设置密度3~5个/10亩。诱捕器置于上风向位置，当一年中风向有变化时，要根据实际情况调整诱捕器的安装位置。释放诱捕器的位置应空旷，附近无灌木、杂草、树体遮挡。根据诱捕器类型，带有十字挡板的桶形诱捕器直接置于地上，桶内放置深10~15 cm清水用于防止诱捕到的红棕象甲逃逸；漏斗形诱捕器悬挂于不低于1.5 m高度。每周清理1次诱捕器内红棕象甲数量。

在整个防治期间，要对诱捕器内的诱捕情况进行收集统计，同时检查诱捕器有无损坏并及时修复，定期清除诱捕器内杂物，对更换下来的诱芯进行集中销毁；诱捕器内的红棕象甲聚集信息素引诱剂不可与其他信息素成分混合使用，在检查发现诱芯有破损是，要立即更换。

含糖量高的食物对信息素的增效效果较好，如聚集信息素加甘蔗的诱虫效果优于加椰子水等诱饵的效果。目前人工合成的聚集信息素成本较高，较难在生产上推广应用。可利用人工饲养的活雌虫释放的性信息素和甘蔗等有诱集作用的引诱物代替聚集信息素，可大幅度降低防治成本。

（三）化学防治

防治难点：①隐蔽性，红棕象甲大多从生长点侵入为害，蛀食，造成隧道，导致被害组织很快坏死腐烂，而不少棕榈科植物在叶片发黄前很难发现被为害，一旦发现心叶发黄枯死，生长点及附近的茎干已坏死腐烂，严重时已无法挽救；②难度大，有不少棕榈科植物长得比较高大，而为害部位多在生长点，喷药时操作难度大，灌药防治难度更大，药物难渗透，红棕象甲在化蛹前结茧，茧很厚，加上其在蛀食棕榈科植物时排出树屑、虫粪等堵住洞口，灌药时药液很难渗透到虫茧并浸泡虫蛹，因而红棕象甲的蛹还能存活，下一代又造成为害。

在幼虫孵化后至蛀入前，可选用阿维菌素等药液进行喷淋处理。在虫害盛期可用高效氯氰菊酯、噻虫胺、噻虫嗪、呋虫胺等药液喷洒植株，每7天喷1次，持续喷3~5次，1~2个月后补喷1次，可达到预防效果。在4—10月的虫害盛期，定期喷药。

药物防治先用长铁钩将堵在受害植株虫孔的粪便或树屑钩出，用阿维菌素或高效氯氰菊酯进行整株淋灌，让药液浸透到茎干内杀死害虫。然后在其叶鞘和心芽处放置5~8个用阿维菌素或高效氯氰菊酯浸泡的海绵药袋，每15天重新浸泡后再放。也可在棕榈科植物的生长点放置50%杀虫单·吡虫啉可湿性粉剂做成的药包，防止害虫从生长点入侵。

（四）农业防治

保持林内和树冠清洁，避免树干和树冠受伤，发现树干受伤时，可用沥青涂封伤口或用泥浆涂抹，以防成虫产卵；受害致死的树应及时砍伐并集中烧毁，及时清理掉落的树叶，并集中烧毁，避免成虫羽化后外出扩散繁殖。

（五）检疫措施

实施产地检疫和现场检疫相结合的方式，在棕榈科植物调运过程中仔细清查茎秆、生长点有无红棕象甲蛀食。红棕象甲在树体内藏身比较隐蔽，早期不易被发现，可借助听诊器贴近受害树，如果能听见蛀食声，基本可以确定植株被红棕象甲为害。一旦发现有红棕象甲为害的植株，应立即就地销毁。同时积极开展疫情普查，杜绝害虫引进。

第四节 黑刺粉虱

一、分类学地位

黑刺粉虱（*Aleurocanthus spiniferus* Quaintance），隶属于同翅目（Homoptera）粉虱科（Aleyrodidae），别名橘刺粉虱、刺粉虱、黑蛹有刺粉虱。

二、分布范围

国内分布：海南、广东、广西、四川、云南、贵州、山东、江苏、安徽、湖北、浙江、江西、湖南、台湾等地。

国外分布：印度、印度尼西亚、日本、菲律宾、美国、东非、关岛、墨西哥、毛里求斯、南非等。

三、形态学特征

卵（图2-24-a）：长约0.22 mm，卵圆形，基部有一小柄，卵壳表面密布六角形的网纹；初产时乳白色，渐变淡黄，近孵化时变为紫褐色。

若虫：初孵化体扁平，椭圆形，淡黄色，长约0.3 mm，体周缘呈锯齿状，尾端有4根尾毛。固着后体渐变为褐色至黑褐色，触角与足渐消失，体缘分泌白色蜡质，体背生有6对刺毛。2龄幼虫暗黑色，周缘白色蜡边明显，腹节可见，背刺毛10对。3龄时体长0.7 mm左右，黑色，有光泽，背部刺毛14对。

蛹：漆黑色，有光泽，广椭圆形。雌蛹体长0.9～1.3 mm，雄蛹体长0.7～1.1 mm，漆黑有光泽，壳边锯齿状，周缘有较宽的白蜡边，背面显著隆起，胸部具9对长刺，腹部有10对长刺，两侧边缘雌有长刺11对，雄10对。

成虫（图2-24-b）：体长1.0～1.3 mm，头、胸部褐色，被薄白粉；腹部橙黄色。复眼橘红色。前翅灰褐色，有7个不规则白色斑纹；后翅淡褐紫色，较小，无斑纹。雄虫体较小，腹部末端有抱握器。

 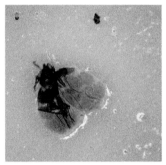

（a）黑刺粉虱卵　　　　　　（b）黑刺粉虱成虫

图2-24　黑刺粉虱（吕朝军　拍摄）

四、为害特性

黑刺粉虱若虫群集在寄主的叶片背面固定吸食汁液，引起叶片因营养不良而发黄、影响叶片的光合作用，致使叶片最终变黄枯死。该虫的排泄物能诱发煤污病（图2-25），使、叶、果受到污染，导致叶落，严重影响产量和质量。另外，黑刺粉虱在为害携带槟榔黄化病病原的植株时，可能在转移寄主为害过程中传播病原。

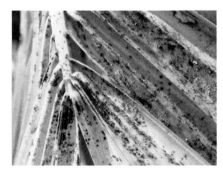

图2-25　黑刺粉虱为害诱发煤污病（吕朝军　拍摄）

五、生物学特性

该虫在海南没有越冬现象。各代若虫发生期：第1代4月下旬至6月，第2代6月下旬至7月中旬，第3代7月中旬至9月上旬，第4代10月至翌年2月。成虫喜较阴暗的环境，多在树冠下面外部老叶上活动，卵散产于叶背，散生或密集呈圆弧形，数粒至数十粒一起，每雌可产卵数十粒至百余粒。初孵若虫多在卵壳附近爬动吸食，共3龄，2、3龄固定寄生，若虫每次蜕皮壳均留叠体背。卵期：第1代22天，第2~4代10~15天；蛹期7~34天；成虫寿命6~7天。

六、防控技术

（一）农业防治

抓好清园修剪，改善槟榔园通风透光性，创造不利于黑刺粉虱发生的环境；清除树上外部老叶，合理施肥，勤施薄施，避免偏施过施氮肥导致植株茂密徒长而有利害虫滋生；在5—11月寄生蜂等天敌盛发时，结合灌溉措施，用高压水柱冲洗树冠，可减少粉虱分泌的"蜜露"，可收到提高寄生天敌寄生率和减轻煤烟病发生之效。

（二）生物防治

主要是保护和利用好天敌，黑刺粉虱的天敌种类较多，其中寄生性天敌昆虫有刺粉虱黑蜂、长角广腹细蜂、黄盾恩蚜小蜂等16种，捕食性天敌约有54种，包括20余种蜘蛛及34种捕食性天敌昆虫。其中龟纹瓢虫、异色瓢虫、红点唇瓢虫和日本刀角瓢虫等对黑刺粉虱的捕食效果较为突出，其成虫和幼虫均嗜食粉虱卵，也能捕食粉虱若虫和初羽化的成虫。草蛉也是黑刺粉虱的重要天敌。例如，大草蛉、中华草蛉、八斑绢草蛉等可以对其起到很好的控制效果。对黑刺粉虱有致病性的昆虫病原性真菌中，蜡蚧轮枝菌、玫烟色拟青霉、粉虱座壳孢菌、韦伯虫座孢菌、粉虱拟青霉、蚧侧链孢菌、扁座壳孢菌、顶孢霉和枝孢霉等是比较重要的种类。

（三）化学防治

于1~2龄若虫盛发期选用虫螨腈·唑虫酰胺、吡虫啉、噻虫嗪、螺虫乙酯等药剂进行喷雾防治，建议轮换使用，防止耐药性的产生。

第五节 双钩巢粉虱

一、分类学地位

双钩巢粉虱（*Paraleyrodes pseudonaranjae* Martin），隶属于半翅目（Hemiptera）粉虱科（Aleyrodidae）粉虱亚科（Aleurodicinae）巢粉虱属（*Paraleyrodes*）。

二、分布范围

原产于南美洲，国内主要分布在海南、广西、广东、香港、澳门等地，国外主要分布于佛罗里达、夏威夷、百慕大、马来西亚等地。

三、形态学特征

卵：卵圆形，淡黄色；具卵柄，柄端与叶片相连；卵与叶片不直接接触，与叶片平行或呈一定角度。

幼虫：初孵幼虫鲜黄色，中部与侧缘有淡黄色区域，复眼鲜红色。在刺吸处固定后则将足与触角收缩于体下，随虫体发育分泌蜡丝，随时间推移蜡丝在虫体周围呈鸟巢状排列。

蛹：与末龄幼虫相似，蜡丝更多，且不取食。

成虫：体黄色，前翅有6个斑纹，排成3列（图2-26）。

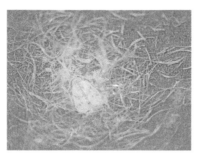

图2-26 双钩巢粉虱成虫（芮凯 拍摄）

四、为害特性

由于该虫若虫会分泌蜡丝，当蜡丝断裂后会留在虫体周围呈鸟巢状，同时雄虫阳茎端部有一个双钩结构，故得名双钩巢粉虱。在槟榔上为害不是很严重，但在干旱季节常大量群集发生，当和黑刺粉虱、矢尖蚧等混合发生时，常造成植株叶片的大面积黄化，影响槟榔产量（图2-27）。

图2-27　双钩巢粉虱成虫为害状（芮凯　拍摄）

五、生物学特性

寄主丰富，包括槟榔、椰子、印度紫檀、番石榴、番荔枝等，记录的有63种。卵多产于叶背，表面覆盖白色蜡粉，起到保护卵免受天敌及化学药剂的伤害。在27 ℃时，各虫态发育速率最大，当温度达到30 ℃时，各虫态发育速率开始下降，各虫态发育历期和世代历期延长；完成1个世代最短有效积温为311.08日·度；双钩巢粉虱在海南一年可发生16～17代，并存在世代重叠现象。

六、防控技术

（一）保护天敌

双钩巢粉虱天敌资源丰富，其中以瓢虫类、草蛉类居多。在园区适度留草，为天敌提供庇护所和繁育环境，对于该虫的生物防控效果较好。同时也可采集天敌进行室内繁育后，重新释放至田间，可起到提高田间天敌密度的效果。

（二）物理防治

通过田间悬挂粘虫板、喷涂粘虫胶等措施，可对双钩巢粉虱成虫起到较好的防治效果。

（三）化学防治

可选用具有内吸性和内渗性效果的杀虫剂，如烯啶虫胺、氟啶虫酰胺、氟啶虫胺腈、螺虫乙酯、啶虫脒等药剂进行防控。

第六节 椰圆蚧

一、分类学地位

椰圆蚧（*Aspidiotus destructor* Signoret），隶属于同翅目（Homoptera），盾蚧科（Diaspididae）

二、分布范围

国内分布：海南、广东、广西、四川、云南、辽宁、河北、山东、山西、河南、陕西、江苏、浙江、福建、台湾、湖北、湖南、江西等省份。

国外分布：日本、东南亚、南亚、俄罗斯、西班牙、葡萄牙、非洲、中南美洲、美国、澳洲、大洋洲所属之群岛等地。

三、形态学特征

卵：长0.1 mm，浅黄色，椭圆形，刚产出的卵呈"之"字形排列在蚧壳后下方。

若虫：初孵时浅黄绿色，后呈黄色，椭圆形，较扁，眼褐色，触角1对，足3对，腹末生1尾毛。

成虫：雌虫蚧壳淡黄色，质薄，半透明，中央有黄色小点；雌虫虫体在蚧壳下面呈卵圆形，稍扁平，黄色，前端稍圆，后端稍尖，平均直径为1.5 mm，长1.1 mm，蚧壳与虫体易分离。雄成虫羽化后从蚧壳下爬出，具半透明翅一对，体长0.7 mm，复眼黑褐色，翅半透明，腹末有针状交配器（图2-28）。

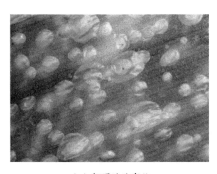 

（a）椰圆蚧为害状　　　　　　　（b）椰圆蚧雌虫和卵

图2-28　椰圆蚧（田威　拍摄）

四、为害特性

若虫和雌成虫附着在叶片背面、枝梢或果实表面，口针插入组织中吮吸汁液（图2-29），被害叶片正面有黄色不规则斑纹，虫量多时，损害严重，果实受害则引起发育不良，并造成早期落果。

（a）椰圆蚧为害叶片

（谢圣华 拍摄）

（b）椰圆蚧密集为害造成叶片黄化（吕朝军 拍摄）

图2-29 椰圆蚧为害状

五、生物学特性

在热带地区年生7～12代，一世代30～45天。每雌产卵100多粒，初孵若虫向新叶或果上爬动，固定为害，繁殖很快，易造成大害。寄主多样，除槟榔外，还可为害椰子（图2-30）、柑橘、柚子等作物。

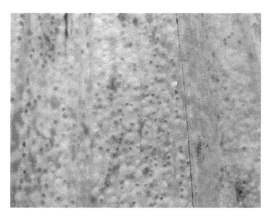

图2-30 椰圆蚧为害椰子叶片（覃伟权 拍摄）

六、防控技术

（一）农业防治

剪除严重受害叶片，并带出焚毁。

（二）化学防治

在若虫盛孵期及时喷施螺虫乙酯、呋虫胺、啶虫脒、阿维菌素、四氯虫酰胺等均有良好的效果。

（三）生物防治

主要天敌有寄生蜂、瓢虫、步甲等，其中外寄生天敌*Aphytis* sp.对椰圆蚧雌成虫的寄生率最高可达78.5%，闪蓝红点唇瓢虫对其捕食率达13.5%～16.6%，另外细缘唇瓢、双目刻眼瓢虫、盾蚧瓢虫、孟氏隐唇瓢虫和台毛艳瓢虫也是其重要天敌。因此，保护和利用自然天敌并释放部分优势种天敌是控制椰圆蚧为害的重要措施之一。

第七节　矢　尖　蚧

一、分类学地位

矢尖蚧（*Unaspis yanonensis* Kuwana），属同翅目（Homoptera）、盾蚧科（Diaspididae），别名矢坚蚧、箭头蚧、矢根介壳虫。

二、分布范围

国内分布：海南、广东、广西、湖南、湖北、四川、重庆、云南、贵州、江西、浙江、江苏、上海、福建、安徽、河北等地。

国外分布：日本、印度、大洋洲、北美洲等地。

三、形态学特征

卵：椭圆形橙黄色，面光滑，约0.2 mm。

幼蚧：初孵幼蚧体扁平椭圆形橙黄色，复眼紫黑色，触角浅棕色，足3对淡黄色，腹末有尾毛1对，固定后体黄褐色，足和尾毛消失，触角收缩，雄虫体背有卷曲状蜡丝。2龄雌虫蚧壳扁平，淡黄色半透明，中央无纵脊，壳点1

个，虫体橙黄色。2龄雄虫淡橙黄色，复眼紫褐色，初期蚧壳上有3条白色蜡丝带形似飞鸟状，后蜡丝不断增多而覆盖虫体，形成有3条纵沟的长筒形白色蚧壳，前端有黄褐色壳点。

蛹：橙黄色，椭圆形，长约1 mm，腹部末端有生殖刺芽。

成虫：雌成虫橙红色长形，胸部长，腹部短，蚧壳长形稍弯曲，褐色或棕色，前窄后宽，末端稍窄形似箭头，中央有一明显纵脊，前端有两个黄褐色壳点。雄成虫体橙红色，蚧壳狭长形，背面有3条纵脊，粉白色，蜡质；复眼深黑色，触角、足和尾部淡黄色，翅一对无色。

四、为害特性

常以若虫和成虫聚集在枝、叶、果实上，吮吸汁液，受害叶片卷缩发黄、凋萎，严重时全株布满虫体，导致死亡，还能诱发严重煤污病（图2-31）。

五、生物学特性

第1~3代若虫高峰期分别出现在5月上旬、7月中旬和9月下旬。初孵若虫行动较活泼，经1~2 h后即固定吸食，次日开始分泌蜡

图2-31 矢尖蚧为害槟榔叶片
（吕朝军 拍摄）

质，虫体在蜕皮壳下继续生长，经蜕皮（共3龄）变为雌成虫。温暖潮湿有利其发生，高温干旱幼蚧死亡率高。树冠郁闭有利其发生。雌虫分散取食，雄虫多聚集在母体附近为害。

六、防控技术

（一）农业防治

虫口密度轻者，可用毛刷刷除虫体，集中烧毁；合理密植，保持通风透光，可减轻危害。

（二）化学防治

若虫活动期，可选择喷施噻虫嗪、啶虫脒、氟啶虫胺腈；冬季果实采收后可喷施松碱合剂，压低越冬代雌虫基数。

（三）生物防治

保护和利用天敌昆虫，矢尖蚧的主要天敌有整胸寡节瓢虫、日本方头甲、湖北红点唇瓢虫、黑缘红瓢虫、矢尖蚧小蜂、花角蚜小蜂和黄金蚜小蜂等可加以保护和利用。

第八节　华南短须螨

一、分类学地位

华南短须螨（*Brevipalpus huanais* Ma et Yuan），隶属于蛛形纲（Arachnida），真螨目（Acariformes），细须螨科（Tenuipalpidae）。

二、分布范围

华南短须螨在我国主要分布于广东、广西、海南等地。

三、形态学特征

长椭圆形，红色，长约0.13 mm，宽约0.11 mm。雌螨，具不规则黑色斑块。前足体背面中央网格相互融合。雄螨前足体与后足体之间有横缝分隔。前足体背面中央网格状完整。若螨椭圆形，背面无网状纹，后半体背中毛3对，刚毛状，背侧毛6对，披针状。

四、为害特性

寄主有竹节椰、美丽针葵、散尾葵、鱼尾椰等棕榈科植物及多种其他植物。害螨多在叶背，受害植物叶片正面出现褪绿密集小斑点，影响叶片的光合作用。华南短须螨全年可见，其发生轻重程度与气温和降雨密切相关，高温干旱季节容易造成严重危害，低温多雨潮湿环境不利于发生。

五、防控技术

（一）农业防治

清除杂草及枯枝落叶、消除越冬卵。在越冬前夕喷施0.5波美度石硫合剂，可压低越冬虫口基数。

（二）化学防治

发生期，喷施乙螨唑、丁氟螨酯、螺螨酯、螺虫乙酯、联苯肼酯、吡螨胺，喷药主要针对中、下部叶片背面。

（三）生物防治

保护和利用天敌昆虫，如澳氏钝绥螨、亚洲钝绥螨、长毛钝绥螨、多齿钝绥螨、尼氏纯绥螨、冲绳钝绥螨等。

第九节　卵形短须螨

一、分类学地位

卵形短须螨（*Brevipapus obovatus* Donnadieu），属蛛形纲（Arachnida），蜱螨亚纲（Acari），真螨目（Acariformes），细须螨科（Tenuipalpidae）。别名扁螨、叶螨、茶短须螨、女贞螨。

二、分布范围

该虫在我国主要分布于山东、浙江、江苏、安徽、江西、福建、台湾、上海、湖南、湖北、广东、广西、海南等地。

三、形态学特征

卵长约0.10 mm，宽约0.07 mm，初为鲜红色，渐变为橙红色，孵化前表面乳白色。

若螨体背有不规则的黑色斑；足4对，末端3对；体背侧毛发达，均呈"D"状；第1若螨体近卵圆形，体长约0.20 mm，宽约0.12 mm，橙红色；第2龄若螨外形和体色与成螨接近，但体上黑斑加深，眼点明显，腹部末端较成螨钝圆。

雌成螨体倒卵形，体长约0.30 mm，宽约0.16 mm，背腹扁平；体色变化大，随不同季节和取食时间长短而有所不同，有红、暗红、橙红等色；体背有不规则的黑色斑块；靠近第2对足基部有半球形红色眼点1对；足4对，背面表皮有网格状纹，但背中央网纹不清晰；后半体具有5对背侧毛。3对背中毛。雄成螨与雌成螨相似，唯体型较小，体后半部渐尖，近楔形，体长约0.28 mm，宽约0.13 mm。雌、雄成螨后足体与末体之间均有一横纹区分开。

四、为害特性

成螨、若螨多喜在叶背吮吸汁液为害，主脉附近受害尤烈；主要为害老叶和成叶，也为害嫩叶。被害叶逐渐失去光泽，叶背呈现油渍状紫褐色斑点，叶面呈灰白色斑点；受害叶片失去光泽，叶柄呈紫褐色，严重时叶片枯黄，叶柄霉变引起早期落叶，甚至形成光杆，影响生长。

五、生物学特性

以7—9月发生严重；高温干燥有利于发生；降水量多常促使虫口显著下降。雌螨多营孤雌生殖，产生的后代主要是雌螨，雄螨极少出现。两性繁殖的后代与孤雌生殖相似。卵散产在叶背、叶柄、伤口以及凹陷等处，其中以叶背为多。每头雌螨产卵30 ~ 40粒；雌成螨寿命长，平均为35 ~ 45天，长者可达70天，雌成螨产卵期也长。冬季严寒可导致成螨大量死亡，此螨发生初期以为害寄主下部为多，以后逐渐向上蔓延；分布在老叶为多。早春温暖、干旱，则有利于此螨猖獗为害。

六、防控技术

（一）农业防治

在槟榔园进行清园，减少虫口基数。

（二）化学防治

喷施丁氟螨酯、联苯肼酯、吡螨胺均对该虫有较好的防治效果。

（三）生物防治

保护和利用天敌昆虫，如澳氏钝绥螨、亚洲钝绥螨、长毛钝绥螨、多齿钝绥螨、尼氏纯绥螨、冲绳钝绥螨等。

第十节　紫红短须螨

一、分类学地位

紫红短须螨（*Brevipalpus phoenicis* Geijskes），隶属于蛛形纲（Arachnida）、蜱螨亚纲（Acari）、真螨目（Acariformes）、细须螨科（Tenuipalpidae）害虫。

二、分布范围

该虫在我国主要分布于海南、广东、福建、台湾等地。

三、形态学特征

卵椭圆形，刚产下时为橘红色，柔软有黏性。孵化前颜色变浅，里面可见2个红色的眼点。

若螨2龄。1龄若螨有4对足，长约0.22 mm，宽约0.14 mm。身体浅绿橘红色，背上有黑色斑纹。2龄若螨与1龄相似，除了有4对足外，个体稍大。

雌成螨体长约0.30 mm，宽约0.16 mm。雄成螨体长约0.28 mm，宽约0.13 mm，卵长约0.10 mm，宽约0.07 mm。第1若虫体长约0.20 mm，宽约0.12 mm；第2若虫体长约0.27 mm，宽约0.15 mm。身体椭圆形，扁平，浅色到黑绿或者橘红色。2对足向前，2对足向后。在20~25 ℃时，黑色斑块在背上形成一个"H"形标记，温度在30 ℃时则没有。雄成螨扁平，红色，楔形，背上无黑色标记。

四、为害特性

受紫红短须螨取食的槟榔叶肉组织被破坏，叶片变形或背面逐渐变褐、变黄。紫红短须螨数量多时，茎叶严重受害，叶片缩小，叶背呈痂状硬化变脆，很快衰竭枯死。

五、生物学特性

种群主要由雌螨组成，雄螨所占的比例不到整个种群的1%。紫红短须螨的繁殖主要由未受精卵产生雌性个体。卵多产在植物茎叶的裂缝或凹陷处或叶片背面的主脉两边，卵单产，但由于多个成虫在同一位置产卵或由于同一成虫多次在同一位置产卵，使许多卵粒成块成串堆聚在一起。

若螨期是活动和发育变化的活跃期，而在拟蛹期，螨虫用口针插入植物组织，把自己固定在寄主植物茎叶的表面，足向四周伸开，度过一个不吃不动的时期。拟蛹期的长短，与温湿度有关。

紫红短须螨日夜都取食，当相对湿度大，温度在25~30 ℃时，食量较大。刚脱皮的雌成虫很快就能取食，产卵前雌成虫必须补充营养。紫红短须螨取食时叶片会形成1个小孔，许多小孔连接在一起，形成1个较大的浅褐色缝或凹陷，在缝或小凹陷中常可见到单个或成堆的红色卵粒。螨虫密度高时会沿着植株向四周扩散，形成一个完全枯死的为害中心，在中心的边缘形成一个多虫区和扩散区。

六、防控技术

（一）农业防治

采用清园措施、合理水肥等，创造不利于该虫繁殖的条件。

（二）化学防治

喷施具有内吸性或渗透性的药剂，如乙螨唑、螺虫乙酯、吡螨胺等。

（三）生物防治

保护和利用天敌昆虫，如捕食螨、生防菌等。

第十一节　非洲大蜗牛

一、分类学地位

非洲大蜗牛（*Achatina Fulica*），隶属软体动物门（Mollusca），腹足纲（Gastropoda），柄眼目（Stylommatophora），玛瑙螺科（Achatinidae）。

二、分布范围

国内分布：广州、江西、广西、福建、台湾、云南、海南等地。

国外分布：日本、越南、老挝、柬埔寨、马来西亚、新加坡、菲律宾、印度尼西亚、印度、斯里兰卡、西班牙、马达加斯加、塞舌尔、毛里求斯、北马里亚纳群岛、加拿大、美国等地。

三、形态学特征

卵：椭圆形，色泽乳白或淡青黄色，外壳石灰质，长4.5～7 mm，宽4～5 mm。

刚孵化的幼螺为2.5个螺层，似成螺。

成螺：长卵圆形，贝壳大型有光泽。壳高130 mm，宽54 mm，螺层为

6.5～8个，螺旋部呈圆锥形（图2-32）。体螺层膨大，其高度约为壳高的3/4。壳顶尖，缝合线深。壳面为黄或深黄底色，带有焦褐色雾状花纹。生长线粗而明显，壳内为淡紫色或蓝白色，体螺层上的螺纹不明显，中部各螺层的螺纹与生长线交错。壳口呈卵圆形，口缘简单，完整。外唇薄而锋利，易碎。内唇贴缩于体螺层上，形成"S"形的蓝白色的胼胝部，轴缘外折，无脐孔。足部肌肉发达，背面呈暗棕黑色，遮面呈灰黄色，黏液无色。

图2-32　非洲大蜗牛（芮凯　拍摄）

四、为害特性

非洲大蜗牛食性杂，寄主包括椰子、槟榔、木瓜、棕榈、仙人掌、面包果、橡胶、可可、茶、柑橘、菠萝、香蕉、竹芋、番薯、花生、菜豆、落地生根、铁角蕨、谷类植物（高粱、粟等）。幼螺多为腐食性，成螺主要以绿色植物为主，以舌头上锉形组织磨碎植物的茎、叶或根，在槟榔园可为害幼嫩的气生根和未完全开放的花絮，对于低矮的槟榔可为害茎干和心叶组织。非洲大蜗牛是一种外来入侵物种，在其成功入侵后，会对生态系统多样性造成不可逆转的破坏，同时也对物种的多样性产生威胁。

五、生物学特性

寿命5～6年，长的可达9年，夜间爬出活动取食，白天怕直射光，喜欢栖息在槟榔植株缝隙、园区的凋落物下、杂草中或腐殖质丰富、疏松的土壤中。雌雄同体，异体交配。在1次交配后，可在数月内产若干批受精卵，每批卵100～400粒，全年可产1 000余粒，经30天孵化。遇到不利的生存条件时，很快进入休眠状态一直可持续生存几年。

六、防控技术

（一）检疫防控

加强进口货物和交通运输工具的检疫力度，防止该螺卵、幼体以及成螺随观赏植物、原木、模板、集装箱和机械设备的包装箱传入和扩散，对来自疫区的货物、种子、苗木及植物产品和运输工具进行认真检查，并进行消毒处理。一旦发现有非洲大蜗牛，可以采用溴甲烷进行熏蒸，在21 ℃条件下熏蒸24 h可以将其杀死。同时加大宣传力度，组织相关培训，向群众印发资料等，使发生区群众能充分认识非洲大蜗牛的危害性。

（二）人工捕杀

在非洲大蜗牛交配季节于21：00以后进行大规模人工捕捉，然后集中杀死或用开水烫死后深埋处理，及时清洁田园杂草，焚烧垃圾、清除污水污泥等适宜大蜗牛活动的场所，可在田间撒施生石灰进行防治。利用非洲大蜗牛喜湿怕水的特性，有条件的地方可以进行水旱轮作，通过改变大蜗牛栖息场所来降低其种群基数。

（三）物理防治

在田间挖灌石灰水隔离沟或施放生石灰作为保护带；或者用柴灰、砂水、水泥三合土制成碱性的障碍物进行防治，或在非洲大蜗牛可能隐藏的区域，投放诱饵食物进行诱集，再集中进行杀死深埋处理。

（四）生物防治

利用细菌、线虫等寄生生物来防治非洲大蜗牛，大力宣传保护利用蟾蜍、鸟类等有益天敌，通过其捕食来控制或降低田间非洲大蜗牛的虫口密度，同时也可倡导养殖鸡、鸭、鹅等来啄食控制非洲大蜗牛。

（五）化学防治

目前，生产中常用的防螺药剂主要是杀螺胺和四聚乙醛。在农作物种植区，结合田园清除杂草等措施在田地周边和非洲大蜗牛可能活动的区域，以及适合大蜗牛隐蔽的地方撒施药剂可以起到较好的防治效果。于晚上在非洲大蜗牛活动地点进行诱杀，并根据药剂被取食情况适量添加药剂，连续用药2~3天，其对非洲大蜗牛的防治效果可达到80%以上。另外，使用石灰粉撒施对土壤进行消毒，也可对非洲大蜗牛起到一定的防治作用。

第十二节 双线嗜黏液蛞蝓

一、分类学地位

双线嗜黏液蛞蝓（*Phiolomycus bilineatus*），俗称鼻涕虫，为软体动物门（Mollusca）腹足纲（Gastropoda）柄眼目（Stylommatophora）蛞蝓科（Limacidae）害虫。

二、分布范围

国内分布在海南、广东、广西、云南、四川、贵州、湖南、上海、江苏、浙江、安徽、河南、新疆、北京等省份。

三、形态学特征

卵：呈圆球形，宽约2～3 mm。初产为乳白色，后变灰褐色，孵化前变黑色。卵聚产，少的8～9粒，多的20多粒，卵粒互相黏附成块。

幼体：幼虫形态同成体。初孵幼体呈白色或白灰色，半透明，长2.5～3.5 mm。宽约1 mm，2周后增长到7～10 mm，5～6个月后发育成成体。

成体（图2-33）：体长50～70 mm，伸展时长可达120 mm。体裸露，柔软无外壳，外套膜覆盖全身。呼吸孔圆形，位于触角后3 mm处。体色灰黑至深灰色，背中央及两侧各有一条由黑色斑点组成的纵带，体前端较宽，后端狭长。全身满布腺体，分泌大量黏液。尾部有脊状突起。2对触角，前边一对短，后边一对长，眼着生在后触角顶端。足肉白色，黏液乳白色。

图2-33 蛞蝓（吕朝军 拍摄）

四、为害特性

蛞蝓喜食幼嫩组织。蛞蝓分泌的黏液污染植株，易诱发菌类侵染，导致腐烂。蛞蝓喜欢爬到棕榈植株的心叶部位分泌黏液使心叶发霉、腐烂，致使生长点不能正常发育，树势衰弱。

五、生物学特性

年发生2~6代，有世代重叠现象，以成虫或幼虫在植株根部及杂草根际周围潮湿的基质内过冬。蛞蝓体壁较薄，透水性强，靠肌肉组织的腺体分泌黏液保护身体。成、幼虫怕光、热，一般昼伏夜出，常生活在阴暗潮湿、含水量较多和有机质丰富的土壤内。阴天或雨天，蛞蝓活动频繁。蛞蝓爬过的地方，通常留有透明光亮的黏液痕迹。成虫产卵量与气温、食料密切相关，每处产卵几粒至十几粒，多黏在一起成串。

六、防控技术

（一）田间管理

选地避免过低洼及潮湿；中耕翻土，将卵粒和成虫、幼虫深埋杀死或暴晒；清除杂草和地表残枝败叶，排除积水；用生石灰或草木灰撒在田埂、作物行间。

（二）人工捕杀

在雨后，根据蛞蝓喜在潮湿处活动的习性，在槟榔植株心部、叶腋处、花苞内侧进行人工捕捉，降低田间虫口数量。

（三）物理防治

在蛞蝓虫口多的田块用鲜菜叶、杂草、烂掉的番茄果等做诱集堆，收集后杀灭。

（四）化学防治

目前，生产中常用的药剂主要是杀螺胺和四聚乙醛。在农作物种植区，结合田园清除杂草等措施在田地周边和蛞蝓可能活动的区域以及适合蛞蝓隐蔽的地方撒施药剂可以起到较好的防治效果。于傍晚在蛞蝓活动地点进行诱杀，并根据药剂被取食情况适量添加药剂，连续用药2~3天，其对蛞蝓的防治效果可达到80%以上。用3%生石灰水、四聚乙醛喷洒或用四聚乙醛配成的豆饼、玉米粉等混合毒饵，在傍晚撒施在蛞蝓经常出没处。

第三章 槟榔园主要杂草识别与防控

第一节 槟榔园双子叶杂草识别

一、阔叶丰花草 [*Borreria latifolia*（Aubl.）K. Schum.]

【形态特征】阔叶丰花草是茜草科，丰花草属披散、粗壮草本植物，被毛；茎和枝均为明显的四棱柱形，叶片椭圆形或卵状长圆形，长度变化大，边缘波浪形，鲜时黄绿色，叶面平滑；叶柄扁平；托叶膜质，被粗毛，顶部有数条长于鞘的刺毛。花数朵丛生于托叶鞘内，无梗；小苞片略长于花萼；萼管圆筒形，花冠漏斗形，浅紫色，花柱长5～7 mm，柱头2，裂片线形。蒴果椭圆形，种子近椭圆形，两端钝，5—7月开花结果（图3-1）。

图3-1 阔叶丰花草（吴朝波 拍摄）

二、巴西含羞草（*Mimosa diplotricha* C. Wright）

【别名】美洲含羞草。

【形态特征】巴西含羞草为亚灌木状草本。茎攀援或平卧，长达60 cm，五棱柱状，沿棱上密生钩刺，其余被疏长毛，老时毛脱落。二回羽状复叶，长10～15 cm；总叶柄及叶轴有钩刺4～5列；羽片4～8对，长2～4 cm；小叶12～30对，线状长圆形，长3～5 mm，宽约1 mm，被白色长柔毛。头状花序直径约1 cm，1或2个生于叶腋，总花梗长5～10 mm；花紫红色，花萼极小，4齿裂；花冠钟状，长2.5 mm，中部以上4瓣裂，外面稍被毛；雄蕊8枚，花丝长为花冠的数倍；子房圆柱状，花柱细长。荚果长圆形，长2～2.5 cm，宽4～5 mm，边缘及荚节有刺毛。本种被列入中国入侵植物名录2级，严重入侵类（图3-2）。

三、三叶鬼针草（*Bidens pilosa* L. var. *radiata* Sch.-Bip.）

【别名】金盏银盘、白花鬼针草。

【形态特征】三叶鬼针草是一年生草本，高25～100 cm。茎直立，四棱形，疏生柔毛或无毛。中下部叶对生，叶片3～7深化裂至羽状复叶，很少下部为单叶，小叶片质薄，卵形或卵状椭圆形，有锯齿或分裂，下部叶有长叶柄，向上逐渐变短；上部叶互生，3裂或不裂，线状披针形。头状花序开花时直径约为8 mm，有长梗；总苞片7～8，匙形，边缘有细软毛；外层托片狭长圆形，内层托片狭披针形；舌状花白色或黄色，4～7朵或有时无，部分不育；管状花黄褐色，长约4.5 mm，5裂。瘦果线形，成熟后黑褐色，长7～15 mm，有硬毛；冠毛芒刺状，3～4枚，长1.5～2.5 mm（图3-3）。

图3-2　巴西含羞草（吴朝波　拍摄）　　图3-3　三叶鬼针草（吴朝波　拍摄）

四、小蓬草（*Erigeron canadensis* L.）

【别名】加拿大蓬、飞蓬、小白酒菊、蒿子草。

【形态特征】小蓬草属一年生草本植物，根纺锤状，茎直立，高50~100 cm，圆柱状，叶密集，基部叶花期常枯萎，下部叶倒披针形，近无柄或无柄，头状花序多数，小，径3~4 mm，排列成顶生多分枝的大圆锥花序；花序梗细，长5~10 mm，总苞近圆柱状，总苞片淡绿色，线状披针形或线形，花托平，雌花多数，舌状，白色，舌片小，稍超出花盘，线形顶端具2个钝小齿；两性花淡黄色，花冠管状，瘦果线状披针形，被贴微毛；冠毛污白色，5—9月开花（图3-4）。

五、刺苋（*Amaranthus spinosus* L.）

【别名】筋苋菜、猪母刺、野苋菜、土苋菜、猪母菜。

【形态特征】刺苋属一年生草本植物，高可达100 cm；茎直立，多分枝，无毛或稍有柔毛。叶片菱状卵形或卵状披针形，长3~12 cm，宽1~5.5 cm，无毛或幼时沿叶脉稍有柔毛；叶柄无毛，圆锥花序腋生及顶生，苞片在腋生花簇及顶生花穗的基部者变成尖锐直刺，在顶生花穗的上部者狭披针形，中脉绿色；小苞片狭披针形，花被片绿色，胞果矩圆形，种子近球形，黑色或带棕黑色。本种已被列入中国第2批外来入侵物种名单（图3-5）。

图3-4 小蓬草（吴朝波 拍摄）　　图3-5 刺苋（吴朝波 拍摄）

六、银胶菊（*Parthenium hysterophorus* L.）

【别名】野益母艾。

【形态特征】银胶菊是一年生草本。茎直立，高60～100 cm，多分枝，具条纹，被短柔毛，节间长2.5～5 cm。下部和中部叶二回羽状深裂，全形卵形或椭圆形，小羽片卵状或长圆状，常具齿；上部叶无柄，羽裂，裂片线状长圆形，全缘或具齿，中裂片较大，通常长于侧裂片的3倍。头状花序多数，径3～4 mm，在茎枝顶端排成开展的伞房花序。舌状花1层，5个，白色，长约1～3 mm，舌片卵形或卵圆形，顶端2裂。管状花多数。雌花瘦果倒卵形，基部渐尖，干时黑色，顶端截平或有时具细齿。花期4—10月（图3-6）。

七、羽芒菊（*Tridax procumbens* L.）

【别名】兔草。

【形态特征】羽芒菊属多年生铺地草本植物。茎纤细，平卧，长可达100 cm，基部叶略小，花期凋萎；中部叶披针形或卵状披针形，长5～8 cm，边缘有粗齿和细齿，基部渐窄或近楔形，叶柄长达1 cm；上部叶卵状披针形或窄披针形，长2～3 cm，有粗齿或基部近浅裂，具短柄；头状花序少数，单生于茎、枝顶端；花序被白色疏毛，下方的毛稠密；总苞钟形，总苞片外层绿色，卵形或卵状长圆形，花托稍突起，托片顶端芒尖或近于凸尖。雌花舌状，舌片长圆形，两性花多数，花冠管状，裂片长圆状或卵状渐尖，瘦果陀螺形、倒圆锥形或稀圆柱状，干时黑色。花期11月至翌年3月（图3-7）。

图3-6 银胶菊（吴朝波 拍摄）　　图3-7 羽芒菊（吴朝波 拍摄）

八、藿香蓟 (*Ageratum conyzoides* L.)

【别名】藿香蓟、胜红蓟、一枝香。

【形态特征】藿香蓟属一年生草本，高50～100 cm。无明显主根。茎粗壮，基部径4 mm，不分枝、自基部或自中部以上分枝。全部茎枝淡红色或上部绿色，被白色尘状短柔毛或上部被稠密开展的长绒毛。叶对生，有时上部互生，卵形或长圆形，有时植株全部叶小形，基出三脉或不明显五出脉。头状花序4～18个在茎顶排成通常紧密的伞房状花序，总苞钟状或半球形，宽5 mm。总苞片2层，长圆形或披针状长圆形。花冠长1.5～2.5 mm，外面无毛或顶端有尘状微柔毛，檐部5裂，淡紫色。瘦果黑褐色，5棱。花果期全年（图3-8）。

图3-8　藿香蓟（吴朝波　拍摄）

九、飞机草［*Chromolaena odoratum*（L.）R. M. King and H. Robinson.］

【别名】香泽兰、解放草、马鹿草、破坏草、黑头草、大泽兰。

【形态特征】飞机草是多年生草本植物，根茎粗壮，横走。茎直立，高1～3 m，苍白色，有细条纹；分枝粗壮，常对生，叶对生，卵形、三角形或卵状三角形，花序下部的叶小，常全缘。头状花序多数或少数在茎顶或枝端排成复伞房状或伞房花序，总苞圆柱形，总苞片3～4层，覆瓦状排列，外层苞片卵形，麦秆黄色。花白色或粉红色。瘦果黑褐色，5棱。该种已成为恶性入侵杂草，能释放出化感物质，抑制邻近本土植物生长（图3-9）。

图3-9　飞机草（吴朝波　拍摄）

十、少花龙葵（*Solanum americanum* Miller）

【别名】白花菜、古钮菜、扣子草、打卜子、古钮子、衣扣草、痣草、乌点规。

【形态特征】少花龙葵是茄科、茄属纤弱草本植物，高可达1 m。叶薄，叶片卵形至卵状长圆形，两面均具疏柔毛，叶柄纤细，花序近伞形，腋外生，纤细，具微柔毛，着生花，花小，萼绿色，裂片卵形，先端钝，花冠白色，筒部隐于萼内，花丝极短，花药黄色，长圆形，子房近圆形，花柱纤细，柱头小，头状。浆果球状，幼时绿色，种子近卵形，两侧压扁，全年均开花结果（图3-10）。

十一、含羞草（*Mimosa pudica* L.）

【别名】怕羞草、害羞草、知羞草、感应草、呼喝草、怕丑草。

【形态特征】含羞草为披散、亚灌木状草本，茎圆柱状，具分枝，有散生、下弯的钩刺及倒生刺毛。托叶披针形，长5~10 mm，有刚毛。开花后结荚果，果实呈扁圆形。叶为羽毛状复叶互生，呈掌状排列。大约在盛夏以后开花，头状花序长圆形，2~3个生于叶腋。花为白色、粉红色，花萼钟状，有8个微小萼齿，花瓣四裂，雄蕊四枚，子房无毛。荚果扁平，每荚节有1颗种子，成熟时节间脱落（图3-11）。

图3-10　少花龙葵（吴朝波　拍摄）　　图3-11　含羞草（芮凯　拍摄）

十二、假臭草（*Praxelis clematidea* Cassini）

【别名】猫腥菊。

【形态特征】假臭草是菊科，泽兰属一年生或短命的多年生草本植物。全株被长柔毛，茎直立，叶片对生，卵圆形至菱形，先端急尖，基部圆楔形，揉搓叶片可闻到类似猫尿的刺激性味道。头状花序，总苞钟形，总苞片可达5层，小花，藏蓝色或淡紫色。瘦果黑色，条状，种子顶端具一圈白色冠毛，花期长达6个月，在海南等地区几乎全年开花结果，本种目前已成华南地区的一种有毒恶性杂草（图3-12）。

十三、假蒟（*Piper sarmentosum* Roxb.）

【别名】蛤蒌、假蒌、山蒌。

【形态特征】假蒟是胡椒科、胡椒属植物。多年生、匍匐、逐节生根草本，长数至10 m以上；小枝近直立，无毛或幼时被极细的粉状短柔毛。叶近膜质，有细腺点，下部的阔卵形或近圆形；叶脉7条，干时呈苍白色，背面显著凸起；上部的叶小，卵形或卵状披针形；叶柄长2～5 cm，被极细的粉状短柔毛；叶鞘长约为叶柄之半。花单性，雌雄异株，聚集成与叶对生的穗状花序。雄花序长1.5～2.0 cm，直径2～3 mm；总花梗与花序等长或略短，被极细的粉状短柔毛；花序轴被毛；苞片扁圆形。雌花序长6～8 mm，于果期稍延长；总花梗与雄株的相同；苞片近圆形。柱头4，稀有3或5，被微柔毛。浆果近球形，具4角棱，无毛，直径2.5～3.0 mm，基部嵌生于花序轴中并与其合生。花期4—11月（图3-13）。

图3-12　假臭草（吴朝波　拍摄）

图3-13　假蒟（芮凯　拍摄）

第二节　槟榔园单子叶杂草识别

一、竹叶草［*Oplismenus compositus*（L.）Beaauv.］

【形态特征】竹叶草是多年生草本。秆纤细，基部平卧地面，节着地生根，上升部分高20～80 cm。叶鞘短于或上部者长于节间，叶鞘密被疣基柔毛及长硬毛，边缘被纤毛；叶片披针形至卵状披针形，基部多少包茎而不对称，近无毛或边缘疏生纤毛，具横脉。圆锥花序长5～15 cm，主轴无毛或疏生毛；分枝互生而疏离，长2～6 cm；小穗孪生（有时其中1个小穗退化）稀上部者单生，长约3 mm；颖草质，近等长，长约为小穗的1/2～2/3，边缘常被纤毛；花柱基部分离（图3-14）。

二、长花马唐［*Digitaria longiflora*（Retz.）Pers.］

【形态特征】长花马唐，禾本科、马唐属，多年生。具长匍匐茎，节处生根及分枝。纤细，无毛。叶鞘具柔毛或无毛，短于其节间；叶舌膜质，线形至披针形，无毛或基部具疣柔毛。直立或开展；穗轴边缘具翼，顶端渐尖；第1颖缺；第2颖与小穗近等长，背部及边缘密生柔毛；第1外稃等长于小穗，具7脉，除中脉两侧脉间无毛外，侧脉间及边缘生柔毛，毛壁具疣状突起；第2外稃顶端渐尖或外露，黄褐色或褐色（图3-15）。

图3-14　竹叶草（吴朝波　拍摄）　　图3-15　长花马唐（田威　拍摄）

三、大白茅 [*Imperata cylindrica* var. *major*（Nees）C.E. Hubb.]

【别名】丝茅、茅针、茅根、白茅草、丝茅草根。

【形态特征】大白茅是多年生草本植物、秆直立，高25～90 cm，具2～4节，节具长2～10 mm的白柔毛；叶鞘无毛或上部及边缘具柔毛；叶舌干膜质，叶片线形或线状披针形，长10～40 cm，宽2～8 mm。圆锥花序紧缩呈穗状，有时基部较稀疏；小穗柄顶端膨大成棒状，无毛或疏生丝状柔毛，披针形，基部密生长12～15 mm的丝状柔毛；两颖近相等，膜质或下部质地较厚，顶端渐尖，具5脉，中脉延伸至上部，背部脉间疏生长于小穗本身3～4倍的丝状柔毛，边缘稍具纤毛；雄蕊2枚，先雌蕊而成熟；柱头2枚，紫黑色。颖果椭圆形，长约1 mm。花果期5—8月（图3-16）。

四、牛筋草 [*Eleusine indica*（L.）Gaertn.]

【别名】蟋蟀草。

【形态特征】牛筋草是一年生草本。根系极发达。秆丛生，基部倾斜。叶鞘两侧压扁而具脊，松弛，无毛或疏生疣毛；叶舌长约1 mm；叶片平展，线形，无毛或上面被疣基柔毛。穗状花序2～7个指状着生于秆顶，很少单生；第1颖长1.5～2 mm；第2颖长2～3 mm；第1外稃长3～4 mm，卵形，膜质，具脊，脊上有狭翼，内稃短于外稃，具2脊，脊上具狭翼。小穗长4～7 mm，宽2～3 mm，含3～6小花；颖披针形，具脊，脊粗糙。囊果卵形，基部下凹，具明显的波状皱纹。鳞被2，折叠，具5脉（图3-17）。

图3-16　大白茅（吴朝波　拍摄）

图3-17　牛筋草（吴朝波　拍摄）

五、狗牙根〔*Cynodon dactylon*（L.）Pers.〕

【别名】绊根草、爬根草、咸沙草、铁线草。

【形态特征】狗牙根是多年生低矮草本。具根茎及匍匐茎，常形成成片的草皮。秆细而坚韧，直立部分高10～40 cm，光滑无毛，稍压扁。叶鞘松弛，压扁具脊，无毛或有疏柔毛，鞘口常具柔毛；叶舌退化仅为一轮白色纤毛；叶片线形，长1～12 cm，宽1～4 mm，通常无毛。穗状或穗形总状花序长2～5 cm，通常3～6枚指状排列于秆顶；穗轴具棱，棱上被短纤毛；小穗卵状披针形，绿色或淡紫色，长2～2.5 mm，仅含1小花；颖狭披针形，长1.2～1.5 mm，具1脉，背部成脊，两侧膜质；外稃宽，革质，背部明显成脊，脊上被柔毛；内稃与外稃近等长。鳞被2，上缘近截平；花药3，黄色带紫色；柱头2，紫红色。颖果长圆柱形，通常肿胀（图3-18）。

六、大牛鞭草〔*Hemarthria altissima*（*Poir.*）Stapf et C. E. Hubb.〕

【形态特征】大牛鞭草是多年生草本，有长而横走的根茎。秆直立部分可高达1 m，直径约3 mm，一侧有槽。叶鞘边缘膜质，鞘口具纤毛；叶舌膜质，白色，长约0.5 mm，上缘撕裂状；叶片线形，长15～20 cm，宽4～6 mm，两面无毛。总状花序单生或簇生，长6～10 cm，直径约2 mm。无柄小穗卵状披针形，长5～8 mm，第1颖革质，等长于小穗，背面扁平，具7～9脉，两侧具脊，先端尖或长渐尖；第2颖厚纸质，贴生于总状花序轴凹穴中，但其先端游离；第1小花仅存膜质外稃；第2小花两性，外稃膜质，长卵形，长约4 mm；内稃薄膜质，长约为外稃的2/3，先端圆钝，无脉。有柄小穗长约8 mm，有时更长；第2颖完全游离于总状花序轴；第1小花中性，仅存膜质外稃；第2小花两稃均为膜质，长约4 mm（图3-19）。

图3-18 狗牙根（吴朝波 拍摄）

图3-19 大牛鞭草（段瑞军 拍摄）

七、香附子（*Cyperus rotundus* L.）

【别名】香头草、回头青、雀头香、香附。

【形态特征】香附子是莎草科、莎草属植物。匍匐根状茎长，具椭圆形块茎。秆稍细弱，高15～95 cm，锐三棱形，平滑，基部呈块茎状。叶较多，短于秆，宽2～5 mm，平张；鞘棕色，常裂成纤维状。叶状苞片2～3（～5）枚，常长于花序，或有时短于花序；长侧枝聚伞花序简单或复出，具（2～）3～10个辐射枝；辐射枝最长达12 cm；穗状花序轮廓为陀螺形，稍疏松，具3～10个小穗；小穗斜展开，线形，长1～3 cm，宽约1.5 mm，具8～28朵花；小穗轴具较宽的、白色透明的翅；鳞片稍密地覆瓦状排列，膜质，卵形或长圆状卵形，长约3 mm，顶端急尖或钝，无短尖，中间绿色，两侧紫红色或红棕色，具5～7条脉；雄蕊3，花药长，线形，暗血红色，药隔突出于花药顶端；花柱长，柱头3，细长，伸出鳞片外。小坚果长圆状倒卵形，三棱形，长为鳞片的1/3～2/5，具细点（图3-20）。

八、两耳草（*Paspalum conjugatum* P. J. Bergius.）

【形态特征】两耳草为多年生草本。植株具长达1 m的匍匐茎，秆直立部分高30～60 cm。叶鞘具脊，无毛或上部边缘及鞘口具柔毛；叶舌极短，与叶片交接处具长约1 mm的一圈纤毛；叶片披针状线形，长5～20 cm，宽5～10 mm，质薄，无毛或边缘具疣柔毛。总状花序2枚，纤细，长6～12 cm，开展；穗轴宽约0.8 mm，边缘有锯齿；小穗柄长约0.5 mm；小穗卵形，长1.5～1.8 mm，宽约1.2 mm，顶端稍尖，复瓦状排列成2行；第2颖与第1外稃质地较薄，无脉，第2颖边缘具长丝状柔毛，毛长与小穗近等。第2外稃变硬，背面略隆起，卵形，包卷同质的内稃。颖果长约1.2 mm，胚长为颖果的1/3（图3-21）。

图3-20 香附子（吴朝波 拍摄）　　图3-21 两耳草（吴朝波 拍摄）

第三节 槟榔园杂草防控措施

槟榔植株高大，叶片集中生长于顶端，地表空间相对空旷，海南属热带亚热带气候，雨热同期给槟榔园杂草的生长提供了良好的空间环境和气候环境。槟榔园杂草表现出生长快速、种类繁多，杂草防除困难，同时槟榔园化学除草剂的大量使用也引发了一系列的问题，例如，除草剂对槟榔根系、微生态环境、土壤和植被的破坏，除草剂抗性杂草植株的出现、土壤污染、水质的退化以及对非杂草生物（特别是人、畜）的危害等。

科学防控杂草，对于槟榔的生长及环境安全至关重要。科学防控杂草要求我们要根据槟榔园实际情况选择相应的措施，实现控草、抑草的目的，以下介绍几种槟榔园杂草的防控措施。

一、农业措施

（一）人工除草

人工除草十分安全，从古至今，是非常传统的方法。杂草通过人工或者机械进行作业，针对性强，干净彻底，技术简单，不但可以有效地防除杂草，而且给作物提供了良好的生长环境，改善根部生长环境。根据需要可多次进行，要抓住有利时机，除早、除小、除彻底，不留后患（图3-22）。

图3-22 人工机械除草（田威 拍摄）

（二）畜禽除草

利用草食动物清除农田杂草的方法，可以节省大量饲料，发展养殖业，可谓一举多得。槟榔园可以根据杂草种类、杂草繁茂程度及畜禽对杂草的喜好，配置相应的畜禽，建议养殖的畜禽有鸡、鹅、牛、羊等。畜禽养殖易滋生病菌，应该做好相应的消杀工作（图3-23）。

图3-23　畜禽除草（吕朝军　拍摄）

（三）间作控草

以草控草是利用生态位原理在槟榔园中引种长势强、抗逆性好的草种，率先快速占据槟榔园空白生境，以达到防治杂草的目的。采用平托花生、硬皮豆、香草兰、胡椒、益智、可可等植被进行槟榔园控草，可抑制杂草生长，保持土壤湿度，改善土壤理化性质，创造出有利于槟榔生长发育和土壤中有益微生物繁殖的微生态环境。在肥力较高并且行间光照较充足的槟榔园可间种香草兰、胡椒、益智和可可等矮秆经济作物，在肥力较低的槟榔园可间种柱花草、平托花生、硬皮豆、猪屎豆、田菁和爪哇葛藤等绿肥（图3-24）。

图3-24　间作控草（范鸿雁　拍摄）

二、物理措施

物理除草主要采取覆盖防草布的方式，于槟榔园铺设防草布，达到控制杂草生长的目的。黑色防草布采用聚丙烯为材料进行窄条纵横编织而成，具有成本低、渗水性好、保墒效果好的特点，可长期控制杂草。覆盖黑色防草布，可以阻止阳光对地面的直接照射，同时利用本身坚固的结构可阻止杂草穿过，抑制槟榔行间杂草萌芽和生长，从而保证了对杂草生长的抑制和杀灭作用，减少了杂草与槟榔争夺养分和空间，节省除草用工，减少化学除草剂的使用，可避免除草剂对槟榔园土质的破坏和对槟榔的伤害。

应用方法：刚种植的幼苗，先铺设整张布，在种植的位置留出一个小口，采用地钉固定，间隔1 m左右打一个地钉。成株槟榔园，根据槟榔树的行距和间距选择宽幅，整园覆盖，采用地钉固定，间隔1 m左右打一个地钉。防草布两侧距树干距离不小于10 cm，以防止阳光反射灼伤树干（图3-25）。

图3-25 覆盖防草布（李培征 拍摄）

三、化学措施

（一）常用除草剂

1. 敌草快

敌草快是一种联吡啶类灭生性除草剂，具有很好的内吸性，施药后可快速被杂草茎叶吸收，对大部分一年生阔叶杂草和部分禾本科杂草都有很好的杀灭效果，尤其对阔叶杂草高效。敌草快在光诱导下，很快被氧化，形成活泼的过氧化氢，这种物质在杂草细胞内大量积累，使细胞膜被破坏，造成杂草叶片在短时间内枯黄死亡。将杂草地上绿色部分快速杀死。由于敌草快能被土壤胶体强力吸附，因此药剂一旦接触土壤即失去活性，对槟榔根系无损伤。

建议应用于槟榔采摘前，采摘前需要将地里杂草防除，便于采摘。敌草快良好的摧枯性，让杂草快速枯黄、脱水，用药后第3天即可有明显效果。施用200 g/L敌草快水剂稀释100～150倍液防除。

2. 草铵膦

草铵膦是一种广谱触杀型灭生性除草剂。草铵膦属于膦酸类除草剂，能够抑制植物氮代谢途径中的谷氨酰胺合成酶，从而干扰植物的代谢，使植物死亡。草铵膦具有杀草谱广、低毒、活性高和环境相容性好等特点，其发挥活性作用的速度比百草枯慢而优于草甘膦。成为与草甘膦和百草枯并存的非选择性除草剂，应用前景广阔。槟榔应用草铵膦可以优先防除高大杂草，因低矮杂草不易接触药液，在一定程度上实现了选择性除草，对于保持水土及地表气温的调节有积极影响。

草铵膦对槟榔园所有杂草有效，因其传导性低，有利于防除高大杂草，保留低矮杂草（如狗牙根、牛筋草、马唐等），有助于槟榔园保持水土。除草的次数视槟榔园杂草的生长情况及槟榔长势而定，一般幼龄期每年除草3～4次，成龄槟榔园每年除草2～3次。300 g/L草铵膦水剂稀释150～200倍液。

3. 草甘膦

草甘膦是一种非选择性、无残留灭生性除草剂，对多年生根杂草非常有效，广泛用于果园除草。主要抑制植物体内的烯醇丙酮基莽草素磷酸合成酶，从而抑制莽草素向苯丙氨酸、酪氨酸及色氨酸的转化，使蛋白质合成受到干扰，导致植物死亡。草甘膦是通过茎叶吸收后传导到植物各部位的，可防除单子叶和双子叶、一年生和多年生、草本和灌木等40多科的植物。草甘膦入土后很快与铁、铝等金属离子结合而失去活性。

草甘膦对槟榔园牛筋草、马唐、小飞蓬、狗牙根、假臭草、鬼针草等槟榔园杂草以及果园、桑园等的杂草除草效果好，防除一年生杂草每亩用10%草甘膦水剂0.5～1 kg，防除多年生杂草每亩用1～1.5 kg，兑水30 kg，对杂草茎叶定向喷雾。相关研究表明长期使用草甘膦对槟榔生长及土壤微生物等有影响，除在恶性杂草上使用外，其他杂草建议慎重使用。

（二）化学除草剂使用注意事项

化学除草剂多为灭生性除草剂，且种类较多，除上述提到的草甘膦、草铵膦、敌草快，还有乙草胺、甲草胺、丁草胺、莠去津、2,4-滴丁酯等。除草剂使用时要弄清杂草的种类，根据杂草种类选择合适的除草剂品种。施药的时候控制好浓度，要严格按照说明施用，剂量大容易导致药害。喷施时要均匀，若喷洒不均匀影响药效，容易出现药害，影响作物生长。为了减轻或避免化学除草剂对槟榔根系的危害，因使用化学除草剂造成黄化的槟榔园，可在槟榔根系施用木霉菌等微生物菌剂，通过微生物酶促反应，将根系周围的残留除草剂完全分解或分解成分子量较小的无毒或毒性较小的化合物，缓解除草剂对槟榔根系的危害，同时木霉菌还具有杀菌、促生长的功效。具体使用还应注意以下事项。

（1）湿度。气候干旱，植物为了减少蒸腾作用，关闭气孔、叶片卷曲、叶皮增厚，不利于草铵膦的吸收，影响药效；空气湿润，植物叶片表面蜡层保持湿润状态，气孔开放，提高了植物对草铵膦的吸收，利于药效的发挥。

（2）温度。在低温条件下，草铵膦通过角质层和细胞膜的能力降低，从而影响除草效果。草铵膦随着温度的上升，防草效果随之提高，建议使用温度15 ℃以上。

（3）光照。光照条件好的情况下，植物的蒸腾作用强，利于草铵膦药效的发挥。

（4）使用时应穿戴防护用品，避免吸入药液。施药期间不可吃东西和饮水。

（5）施药后应及时洗手和洗脸。

（6）喷雾前检查喷雾器，确保喷雾器械无渗漏现象。

（7）施药后7天内，不要在施药区放牧、割草。

（8）禁止在河塘等水域清洗施药器具，避免对环境中其他生物造成危害。远离水产养殖区施药，禁止将清洗施药器具的废水排入河塘等水体。用过的容器应妥善处理，不可做他用，也不可随意丢弃。

（9）赤眼蜂等天敌放飞区域禁用。

（10）不要在刮风时施药，避免药液漂移到作物上或临近地块。

（11）孕期和哺乳期妇女应禁止接触。

（12）对蜜蜂、鱼类等水生生物、家蚕有毒，施药期间应避免对周围蜂群的影响，禁止在开花植物花期、蚕室和桑园附近使用。

第四章 农药减施增效防控模式

第一节 根部施药防治槟榔主要害虫模式

一、可行性

当前，海南槟榔病虫害发生越来越重，主要原因之一是成年槟榔植株高大，常规喷药难度大，药液不易喷到受害部位，大量药液浪费，严重影响药效，同时也造成了环境生态的破坏。地下施药模式主要利用药剂的内吸特性，把药埋于槟榔根部，保证药剂被槟榔有效吸收，从而杀死地上害虫。经大量田间试验证实，根部施药对槟榔椰心叶甲和红脉穗螟等主要害虫有较好的防治效果。根部施药防治害虫新技术是将药剂施入槟榔根部土壤，利用药剂的内吸性及扩散、渗透、传导等特性，使药剂传输到害虫为害的部位，以达到控制害虫的目的。防治方法为直接在树干周围挖1个深5~10 cm的环形坑，将药剂施于坑内然后填土掩埋。

与传统的叶面喷雾相比，根部施药具有以下优点：首先，农药利用率高，持续时间长，药物不受风吹雨淋及光照分解，极大地提高药剂利用率和防治持效期，同时，降低了农药使用剂量和用药成本；其次，杀虫范围广，根部施药法不仅可以杀死食叶害虫，对于刺吸式口器害虫，如介壳虫、蚜虫及隐蔽性害虫如椰心叶甲、红脉穗螟、红棕象甲等常规喷药不易喷到或不可能同药剂产生有效接触的害虫类群都可以起到较好的防治效果；再次，使用安全，与喷雾和喷烟等传统施药方法相比，根部施药工作条件好，操作者不易直接接触药物，有效地保护施药者的人身安全，并且避免了农药与周围动植物的直接接触，更不会在空气中飘移，也极少进入水体中，对人畜安全，不杀伤非靶标动物，可以有效保护天敌。同时，根部施药技术只将农药施入靶标槟榔根部，因而在一定程度上避免对环境造成污染，特别是很多槟榔种植在房前屋后，或在庭院中间，最大限度地减少农药的负面影响。根部施药不受槟榔高度和危害部位等限制，这种方法使高大槟榔的心叶部害虫和根部害虫、刺吸式害虫、钻蛀性害虫等用常规方法难以有效防治的害虫变得简单易行。不受环境条件及天气影响，在连续多雨或干旱缺水条件下也可实施防治，有效克服了喷施等常规方法受环境因素影响大、效果不稳定的难题。

二、药剂选择及用量

选择内吸性好，对槟榔主要害虫椰心叶甲及红脉穗螟防效好的药剂（表4-1）。

表4-1　根部施药种类及用量

药剂种类	防治对象	剂型	有效成分用量（g/株）
噻虫嗪	椰心叶甲、介壳虫、粉虱、叶蝉	悬浮剂或颗粒剂	1
噻虫胺	椰心叶甲、介壳虫、粉虱、叶蝉	悬浮剂或颗粒剂	1
吡虫啉	椰心叶甲、介壳虫、粉虱、叶蝉	悬浮剂或颗粒剂	1
呋虫胺	椰心叶甲、介壳虫、粉虱、叶蝉	悬浮剂或颗粒剂	1
噻虫啉	椰心叶甲、介壳虫、粉虱、叶蝉	悬浮剂或颗粒剂	1
吡蚜酮	椰心叶甲、介壳虫、粉虱、叶蝉	悬浮剂或颗粒剂	1
杀虫单	红脉穗螟	悬浮剂或颗粒剂	1
杀螟丹	红脉穗螟	悬浮剂或颗粒剂	1

三、根部施药方法

在距槟榔基部40 cm处挖长30 cm、宽20 cm、深10 cm的坑，将药剂施于坑中，然后填埋。或使用高压注射器将药剂注入距槟榔基部20 cm、深10 cm的土层中，每种药剂各埋药100株（表4-2）。

槟榔根部施药示范案例如下。

示范地点：海南省琼中县湾岭镇鸭坡村。

施药时间：2019年1月10日。

表4-2　根部施药防治槟榔椰心叶甲和红脉穗螟效果

处理编号	药剂及用量	椰心叶甲有虫株数（株）						红脉穗螟有虫株数（株）
		药后30天	药后60天	药后90天	药后120天	药后150天	药后180天	药后180天
1	20%噻虫嗪悬浮剂5 g/株	2	0	0	3	3	3	17
2	20%噻虫胺悬浮剂5 g/株	0	0	0	2	4	4	5
3	20%吡虫啉悬浮剂5 g/株	1	0	0	2	3	3	4
4	20%呋虫胺悬浮剂5 g/株	1	0	0	3	4	4	7
5	空白对照	16	21	26	29	33	36	63

　　使用20%噻虫嗪悬浮剂、20%噻虫胺悬浮剂、20%吡虫啉悬浮剂和20%呋虫胺悬浮剂进行根部施药，每株用药1 g（有效成分）防治槟榔主要害虫，结果表明，埋药后1～6个月对椰心叶甲都有较好防治效果，埋药6个月后对红脉穗螟的防治效果都也较为理想。地下施药模式防治效果好，持效期长，减少了施药次数，是农药减施增效有效模式（图4-1）。

图4-1　根部埋药防治槟榔害虫

第二节　生物防治与根部施药结合防治槟榔害虫模式

一、可行性

槟榔最主要的害虫为红脉穗螟和椰心叶甲，这2种害虫不仅给槟榔的产量造成损失，而且导致槟榔生长衰弱、黄化、甚至死亡，极大地影响了海南槟榔产业的健康可持续发展。过度依赖化学农药进行防治，容易导致农药残留、害虫抗药性和环境污染等。利用寄生性天敌防治害虫的生物防治方法，具有绿色、可持续的优点，但单纯依靠生物防治见效慢，容易错过最佳防治时期，同时生物防治具有专一性，不能起到兼防兼治的效果。由于槟榔同时发生多种虫害及病害，喷施化学农药易毒害寄生性天敌，使得释放天敌防治害虫的措施受到影响。因此，开展根部施药，利用药剂的内吸特性，配合寄生性天敌的释放从而实现害虫持续控制，且寄生性天敌接触不到化学农药，从而避免了使用化学农药对天敌生物的影响。

槟榔对多种杀菌剂敏感，不科学使用杀菌剂容易抑制槟榔的生长，导致槟榔生长缓慢、黄化，从而影响槟榔的产量。使用拮抗微生物抑制槟榔真菌性病害，从而减少病害的发生，促进槟榔的生长，提高槟榔产量。

二、药剂选择及用量

选择内吸性好且对红脉穗螟及椰心叶甲防效较好的药剂（表4-3）。

表4-3　根部施药种类及用量

药剂种类	剂型	有效成分用量（g/株）
噻虫嗪	悬浮剂或颗粒剂	1
噻虫胺	悬浮剂或颗粒剂	1
吡虫啉	悬浮剂或颗粒剂	1
呋虫胺	悬浮剂或颗粒剂	1
噻虫啉	悬浮剂或颗粒剂	1
吡蚜酮	悬浮剂或颗粒剂	1

三、生物防治

（一）椰心叶甲寄生蜂

1.主要寄生蜂

椰甲截脉姬小蜂、椰心叶甲啮小蜂，都是膜翅目姬小蜂科，是目前控制椰心叶甲的重要寄生蜂。

2.释放技术

有椰心叶甲发生为害的槟榔园均可释放。选择气温20～33 ℃、无雨无雾、风力小的天气条件释放。根据槟榔园内椰心叶甲幼虫和蛹的虫口密度，按照椰心叶甲幼虫：椰甲截脉姬小蜂的蜂虫=2：1、椰心叶甲蛹：椰心叶甲啮小蜂=1：1的比例确定2种寄生蜂田间释放总量。寄生蜂释放虫态为羽化1～2天内的椰心叶甲啮小蜂和椰甲截脉姬小蜂。

释放采用指形管放蜂器进行。按照每亩2管的释放点密度，将即将羽化的椰心叶甲啮小蜂和姬小蜂按照田间的椰心叶甲幼虫和蛹密度确定的蜂量，平均装入指形管中，并棉花塞紧管口；待管内寄生蜂大量出现时，将指形管用胶带斜向上45°固定在槟榔树干上，固定高度1.5 m以上，然后拔出棉花塞，让寄生蜂自行飞出寻找寄主。每2个月释放1次，连续释放3次。

（二）红脉穗螟寄生蜂

1.主要寄生蜂

褐带卷蛾茧蜂，属膜翅目茧蜂科茧蜂属；周氏啮小蜂（海南种），属膜翅目姬小蜂科啮小蜂属。两者都是广谱性寄生蜂，可分别寄生红脉穗螟幼虫和蛹。

2.释放技术

选择当天羽化或即将羽化的褐带卷蛾茧蜂和周氏啮小蜂进行田间释放。如果羽化当天无法进行释放，可置于4～8 ℃条件下冷藏备用，冷藏时间不可超过7天。释放槟榔园应有红脉穗螟为害，植株受害率不低于2%；释放区近15天内未使用过化学杀虫剂。采用试管放蜂法或杯状释放器放蜂法进行释放。其中试管放蜂法可采用试管直接释放，管口向上，试管与水平角度不小于30°。根据红脉穗螟虫口密度，以寄生蜂数量：红脉穗螟虫口数=15：1的蜂虫比例确定释放寄生蜂的数量，其中褐带卷蛾茧蜂和周氏啮小蜂的数量比例为2：1（图4-2）。

图4-2　寄生蜂的田间释放

四、施用生物制剂

根据槟榔园虫害主要种类及发生规律，在防治最佳时期选用合适的生物农药，如棉铃虫多角体病毒防治红脉穗螟、绿僵菌防治椰心叶甲等。

第三节　叶鞘注射药剂防治槟榔红脉穗螟模式

一、可行性

红脉穗螟是海南槟榔主要害虫之一，也是最难防治的害虫，严重影响槟榔的产量。红脉穗螟为害部位特殊，成虫产卵于槟榔佛焰苞内，幼虫为害花和幼果，佛焰苞由于被叶鞘包裹不易着药，常规喷雾和植保无人机飞防都很难取得较好的防治效果。

使用叶鞘注射施药模式可将防治药剂有效施于槟榔佛焰苞，利用药剂的扩散、渗透、传导等特性，在保证着药量的同时，药剂可被佛焰苞充分吸收，从而起到良好的防治效果。经大量田间试验证实，叶鞘注射施药对槟榔红脉穗螟有较好的防治效果。

施药方法为在槟榔叶片脱落前3~5天，使用注射器将一定量的药液注入槟榔佛焰苞。

与传统的叶面喷雾相比，叶鞘注射施药具有以下优点：①农药利用率高，持续时间长，利用药剂的扩散、内吸和输导作用，使药物快速、有效地传输到害虫为害部位，药物不易受风吹雨淋及光照分解，极大地提高了药剂利用率和防治持效期，同时，降低了农药使用剂量和用药成本；②杀虫范围广，叶鞘注射施药不仅可以防治红脉穗螟，对于刺吸式口器害虫（如介壳虫和蚜虫）以及隐蔽性害虫（如椰心叶甲、红棕象甲、蛞蝓等）都可以起到较好的防治效果，尤其对不能同药剂有效接触的害虫类群有良好的防治效果；③使用安全，与喷雾和喷烟等传统施药方法相比，叶鞘注射施药工作条件好，操作者不易直接接触药物，有效地保护施药者的人身安全；④环境友好，叶鞘注射施药技术只将药剂施入靶标位置，避免了药剂与周围环境和动植物的直接接触，降低了在空气中飘移和进入水体中的风险，对人畜安全，不杀伤非靶标动物，可以有效保护天敌。特别是很多槟榔种植在房前屋后或在庭院中间，最大限度减少农药的负面影响；⑤施药不受环境条件及天气影响，在连续多雨或干旱缺水条件下也可实施防治，有效克服了喷施等常规方法受环境因素影响大、效果不稳定等问题。

二、叶鞘注射施药方法

选择内吸性好，对槟榔红脉穗螟防效较好的药剂，在槟榔佛焰苞打开前，包裹佛焰苞的叶片叶鞘松动，叶片即将脱落前，使用注射器刺穿叶鞘把药剂注入佛焰苞表面。每种药剂叶鞘注射施药各100株（表4-4）。

叶鞘注射施药案例示范如下。

示范地点：海南省琼中县湾岭镇鸭坡村。

施药时间：2019年4月16日。

表4-4 叶鞘注射施药1个月后防治槟榔红脉穗螟效果

处理编号	药剂	制剂用量（g/株）	有虫株数
1	20%虫螨腈悬浮剂	0.25	2
2	20%氯虫苯甲酰胺悬浮剂	0.25	2
3	20%吡虫啉悬浮剂	0.25	5
4	20%杀虫双水剂	0.25	3
5	20%杀虫单水剂	0.25	1
6	15%高效氯氟氰菊酯微乳剂	0.33	1
7	空白对照	0.25	65

使用20%虫螨腈悬浮剂、20%氯虫苯甲酰胺悬浮剂、20%吡虫啉悬浮剂、20%杀虫双水剂和20%杀虫单水剂叶鞘注射施药防治槟榔红脉穗螟，每株用

药0.05 g（有效成分）。结果表明，叶鞘注射后1个月后红脉穗螟发生率明显下降（图4-3）。

图4-3　叶鞘注射药剂防治红脉穗螟

第四节　植保无人机防治槟榔病虫害模式

一、可行性

目前，槟榔施药主要靠人工喷施，由于槟榔树势高，叶片蜡质层厚，施药难度较大且药剂不易在叶片附着，消耗大量人力的同时也造成了药剂的浪费和环境生态的影响，同时，防控意识淡薄，造成了槟榔有害生物不能得到及时有效的防控，严重影响海南槟榔产业的可持续发展。因此，开发和推广效率高、节省人力的高效农药施用技术成为当务之急。植保无人机飞防是新型防控技术，符合海南目前槟榔产业的发展趋势和需求。

二、基本条件

1. 气象条件

作业时，最大风速应低于3 m/s，环境温度5～35 ℃，当温度超过35 ℃时应暂停作业，相对湿度宜在50%以上，药后1 h内无降雨。

2. 飞控手

飞控手应经过有关航空喷洒技术的培训，获得专业的培训合格证，应掌握槟榔病虫害发生规律与防治技术及安全用药技能。

3. 辅助作业人员

辅助作业人员负责药液配制、灌装，以及地面指挥等，所有人员应熟悉作业流程，安全用药常识和掌握正确的操作步骤，并做好安全防护。

4. 环境要求

评估作业对周围区域，如人居环境、水产养殖区、养蜂区、养蚕区等影响的风险，设置适宜的隔离带。

确定作业区域是否在有关部门规定的禁飞区域内。

明确作业区域是否有影响安全飞行的林木、高压线塔、电线及电线杆等有关障碍物，做好避障准备。

5. 作业公告

施药作业前3天，向社会公告作业时间、作业区域、喷雾机型、喷施的药剂与种类、安全注意事项等，在作业区域设置明显的警示牌或警戒线。

6. 科学选药

坚持"预防为主，综合防治"的植保方针，针对槟榔不同时期主要病虫害发生情况，选用适合在槟榔上的高效、低风险农药品种，其剂型可在低容量/超低容量航空喷洒作业的稀释倍数下均匀分散悬浮或乳化；1年内同一防治对象需要多次防治时，应交替轮换使用不同作用机理的药剂。

7. 科学配药

根据槟榔病虫害发生情况，可选择1种或多种药剂（一般不超过3种）科学混配，混配时依次加入，每加入一种应立即充分搅拌混匀，然后再加入下一种。宜预先进行桶混兼容性试验。

采用二次稀释法配制药剂，配药时选择pH值接近中性的水，不能用井水或易浑浊的硬水配置农药，严格按照农药标签推荐剂量用药，不能随意增加和降低农药用量。宜选择水分散粒剂、悬浮剂、微乳剂、水乳剂、水剂、可分散油悬浮剂、超低容量液剂等剂型。现配现用不能放置超过2 h。

药液中宜添加防飘、易沉降的飞防专用助剂。

8. 作业前检查

检查植保无人机各部件是否安装到位。

打开遥控器，启动植保无人机电源，植保无人机如有自检模式，则进入自检模式，检查各个模块是否正常工作。如无自检模式，则手动检测动力系统、喷洒系统、控制系统是否正常工作。

开启喷洒，观察施药设备喷洒是否正常。

检查确认作业参数设置是否科学合理。

根据槟榔不同生育期病虫害发生情况，环境天气及植保无人飞机型号等确定合适的飞行参数，参数设置推荐见表4-5。

表4-5　植保无人机飞行参数设置推荐表

树龄	喷头类型	亩喷液量（L）	作业高度（距离冠层高度）（m）	喷幅（m）	推荐喷嘴型号/雾滴粒径	飞行速度（m/s）
1～3年	液力式	3～4	2～3	4～6	11001或11015	3～4
	离心式	2～3	2～3	4～6	50～150 μm	3～4
4～10年	液力式	5～8	2.5～3.5	3～5	11001或11015	2～3
	离心式	3～5	2.5～3.5	3～5	30～100 μm	2～3
10年以上	液力式	5～8	2.5～3.5	3～5	11001或11015	2～3
	离心式	3～5	2.5～3.5	3～5	30～100 μm	2～3

三、植保无人机施药防治

槟榔主要病虫害防治指标及常用药剂品种见表4-6。

表4-6　槟榔主要病虫害防治指标及常用药剂品种

主要防治对象	防治指标	药剂有效成分
炭疽病	病情指数1以上	吡唑醚菌酯、苯醚甲环唑、多菌灵、醚菌酯、嘧菌酯、咪鲜胺等
叶斑病	病情指数1以上	吡唑醚菌酯、苯醚甲环唑、多菌灵、醚菌酯、嘧菌酯、咪鲜胺等
细菌性叶斑病	病情指数1以上	春雷霉素、喹啉铜、氢氧化铜、王铜
椰心叶甲	发现为害	阿维菌素、哒螨灵、啶虫脒、噻虫嗪、噻虫胺、吡虫啉、高效氯氰菊酯
红脉穗螟	开花初期	虫螨腈、甲维盐、高效氯氰菊酯、氯虫苯甲酰胺
介壳虫	每株平均达30头以上	螺虫乙酯、噻虫嗪、噻虫胺、啶虫脒、噻嗪酮、吡丙醚

第五节　覆盖防草布防控槟榔园杂草模式

一、可行性

海南雨季雨量充足，气温高，杂草长势旺盛，槟榔树受杂草的侵害较重，特别是槟榔苗期，杂草对槟榔苗定植成活率、生长影响较为严重。当前，槟榔除草主要采用人工、机械、化学除草。人工除草用功多、成本高、效率低；机械除草易受地形限制，可操作性能差；化学除草虽然效率高、成本低、劳动强度小，但易导致土壤有益微生物被破坏、土壤板结，生态环境受到威胁，同时也容易对槟榔造成药害，严重影响到槟榔根的生长及对营养物质的吸收，造成槟榔生理性黄化。

由聚丙烯窄条纵横编织而成的黑色防草布，具有成本低、渗水性好、保墒效果好，可以达到控草和节本省工的效果。防草布质地较坚韧，黑色遮光，可以阻止阳光对地面的直接照射，同时利用本身坚固的结构可阻止杂草穿过，抑制槟榔行间杂草萌芽和生长，从而保证了对杂草生长的抑制和杀灭作用，减少了杂草与槟榔争夺养分和空间，节省除草用工，减少化学除草剂的使用，可避免除草剂对槟榔园土质的破坏和对槟榔的伤害。该模式在槟榔杂草防治中有广阔应用空间。

二、覆盖防草布的方法

刚种植的幼苗，先铺设整张布，在种植的位置留出一个小口，采用地钉固定，间隔1 m左右打一个地钉。

成株槟榔园，根据槟榔树的行距和间距选择宽幅，整园覆盖，采用地钉固定，间隔1 m左右打一个地钉。防草布两侧距树干距离不小于10 cm，以防止阳光灼伤树干。

三、覆盖防草布的优点

1.有效调节槟榔园土壤的水分

地表覆盖防草布可以调节土壤温度的变化，进而影响槟榔生长。防草布是由抗紫外线的聚丙烯扁丝编织而成的布状材料，具有良好的透气性、透水性。海南省降水分布不均匀，大部分地区冬、春季节多干旱、少雨，降水主要集中在6—11月。覆盖防草布，当降水量较小时，少量的雨水可以通过防草布的缝隙进入土壤中，在干旱时，可以减少水分蒸发，提高土壤含水量。

2. 覆盖防草布利于农药和肥料的减施

槟榔施肥主要以化肥为主，很多槟榔园由于种在坡地，砂石较多不易挖坑施肥，种植户习惯表面撒施，但化肥性质不稳定，可溶性和挥发性较大，极易造成大量流失。覆盖防草布后，阻隔了雨水对土壤的直接冲刷，有效防止肥力渗流、挥发和水土流失，起到很好的保肥效果。提高了槟榔水肥利用率，促进了槟榔的生长，增加了槟榔产量。

海南槟榔园杂草生长旺盛，化学除草用药量大，喷药次数多，容易对槟榔造成药害，加重槟榔黄化现象，严重影响槟榔产业的发展。覆盖防草布可以不用或少用化学除草剂，减少化学农药的使用，避免了生态环境的破坏，为槟榔健康栽培提供有力的技术支持（图4-4）。

图4-4　覆盖防草布防治槟榔园杂草

四、应用案例

地点：乐东县尖峰镇。示范槟榔园槟榔树龄8年，行间距3 m，槟榔树长势一致。防草布，浅绿色，聚丙烯材料制成，厚度为0.156 mm，宽度为3 m。2020年1月11日在完成坑施有机肥，机械除去较为高大的杂草和灌木后进行覆盖。

效果调查，杂草防治效果良好，覆盖区基本没有杂草生长，槟榔长势良好，产量平均每株达19.25 kg，未覆盖防草布，使用除草剂（草铵膦）防治杂草的区域产量平均每株17.22 kg。覆盖防草布可以有效减少劳动力的投入，避免化学除草剂的使用，在一定程度上提高树势，增加产量。

第五章 绿色防控产品和施药器械

第一节 槟榔用杀菌剂

一、枯草芽孢杆菌（*Bacillus subtilis*）

枯草芽孢杆菌是经国家农业农村部微生物检测中心批准使用的一种天然菌种。枯草芽孢杆菌无荚膜，周生鞭毛，能运动，是好氧菌；革兰氏阳性菌，椭圆到柱状，位于菌体中央或稍偏，芽孢形成后菌体不膨大；菌落表面粗糙不透明，污白色或微黄色，在液体培养基中生长时，常形成皱醭，可利用蛋白质、多种糖及淀粉分解色氨酸形成吲哚。枯草杆菌是芽孢杆菌属的一种，广泛分布在土壤及腐败的有机物中，是一种无致病性的安全微生物，可经发酵、纯化、干燥，载体稀释制成新型高效益生芽孢杆菌。

（一）绿色环保新剂型

1 000亿cfu/g枯草芽孢杆菌可湿性粉剂、100亿cfu/g枯草芽孢杆菌可湿性粉剂。

（二）作用机理与产品特点

（1）抑菌作用。枯草芽孢杆菌通过竞争性生长繁殖而占据生存空间的方式来阻止植物病原真菌的生长，枯草芽孢杆菌能够通过植物导管传导到地上部分而在作物根表、根内、茎部、叶部等部位定殖和繁殖，保护作物根部不受病菌侵染、抑制作物体内病原菌扩散，从而达到防病作用。

（2）抗菌作用。枯草芽孢杆菌产生能够抑制细菌、病毒、真菌和病原体生长的抗生素类物质，这些抗菌物质以磷脂类、氨基糖类、肽类和脂肽类等抗生素为主。其中，脂肽类抗生素是枯草芽孢杆菌最重要的抗菌物质。

（3）杀菌作用。枯草芽孢杆菌可以吸附在病原真菌的菌丝上，伴随菌丝共同生长，生长过程中会产生溶菌物质，如枯草菌素、有机酸、抗菌蛋白等，从而消解菌丝体。一般会致使菌丝断裂、解体或细胞质消解；或者是次生代谢产物会溶解病原菌孢子的细胞壁，导致细胞壁穿孔、产生畸形等。

（4）促生作用。枯草芽孢杆菌可以分泌活性物质，激活作物防御系统，增强作物的免疫力与抗病性，减轻或消除病原菌对植株的为害。可增加吲哚乙酸等生长素的形成，刺激作物根系发育，增强光合作用。同时将土壤中难吸收的物质转化为易于作物吸收的物质，促进作物对营养物质的吸收利用，提高肥料利用率。

（5）改土作用。枯草芽孢杆菌在土壤中形成益生菌环境，促进团粒结构形成，提高土壤保肥保水能力，增加土壤疏松度，促进根系生长。具体表现在，加速养料矿质化，将养分由无效态和缓效态变为有效态和速效态。同时，加速养料腐殖化，分泌植酸酶，降解土壤中大部分的植酸盐。

（三）防治对象与使用方法

防治槟榔根腐病、叶斑病、炭疽病等；调理根际微生态环境，增加有益菌群数量，修复根系。叶部病害500～800倍液喷雾，建议15～20天喷施1次；根部10～15 g/株。

（四）注意事项

（1）叶喷/灌根。由于使用量少，为减少浪费，务必采用二次稀释法配制。枯草芽孢杆菌用量少，为减少浪费，兑水时应用小容器将所需用量药剂充分溶解后再倒入喷雾器中，加水至喷雾器最佳水平线进行喷雾，

（2）10：00前或16：00后施药，避免阳光直射，杀死芽孢。尤其是16：00后用药，夜间潮湿的环境更有利于芽孢萌发。

（3）不能与铜制剂等杀菌剂及碱性农药混用。

（4）病害初期或发病前施药效果最佳，施药时注意使药液均匀喷至作物各部位。

（5）根施时注意与氮肥、有机肥搭配使用，因为枯草芽孢杆菌自身生长和繁殖需要消耗氮营养及有机质。

（6）提早使用，并尽量靠近根部，保持土壤潮湿，同时注意使用的连续性，以保证效果。

二、春雷霉素·松脂酸铜（kasugamycin·resin acid copper salt）

春雷霉素是由春雷链霉菌产生的一种重要的氨基糖苷类抗生素，能与细菌核糖体30S小亚基结合，通过有效抑制蛋白合成的肽链延长来发挥杀菌功能，

因而作为高效广谱低毒的生物农药被广泛应用于农业病害防治。松脂酸铜是一种高效低毒广谱的新型铜制剂杀菌农药，具有持效期长、使用方便的新特点，具有预防保护和治疗双重作用。可用于防治多种真菌和细菌所引起的常见病害。

（一）绿色环保新剂型

22%春雷霉素·松脂酸铜悬浮剂，18%春雷霉素·松脂酸铜悬浮剂，复配制剂剂型环保，环境相容性好，药效好，使用安全。

（二）作用机理与产品特点

春雷霉素与松脂酸铜复配，春雷霉素属农用抗生素，具有较强的内吸渗透性，其作用机理是干扰病原菌的氨基酸代谢的酯酶系统，破坏蛋白质的生物合成，抑制菌丝的生长和造成细胞颗粒化，使病原菌失去繁殖和侵染能力，从而达到杀死病原菌防治病害的目的。松脂酸铜是新型有机铜素杀菌剂，兼具保护、预防和治疗、铲除功效。

（1）低毒、高效、绿色环保农药，对环境友好，对人、畜，对鱼和水生生物、蜜蜂低毒，对鸟类和家蚕毒性低。

（2）杀菌谱广，作用高效，复配制剂兼具强内吸性，强的黏着性、展布性和渗透性，药剂直达靶标，大大增强杀菌效果。

（3）混配性好，可以互配大多数杀虫杀菌剂叶面肥等，使用起来方便，减少喷药次数，更省工，又能延缓抗性。

（三）防治对象与使用方法

防治谱广，对槟榔细菌性叶斑病、条斑病、鞘腐病有良好防效。18%春雷霉素·松脂酸铜悬浮剂600～1 000倍液喷雾，在槟榔细菌性叶斑病发生初期施药，视病害情况，隔7～10天喷1次，连喷2～3次。

（四）注意事项

（1）注意对叶片正反面均匀喷雾，以喷湿叶片为度。在晴天无风、无雨时喷施。

（2）不宜与强酸、强碱性农药等物质混用。

（3）建议与其他作用机制不同的杀菌剂轮换使用，以延缓抗性产生。

（4）远离水产养殖区用药，禁止在河塘等水体中清洗施药器具；避免药液污染水源地。

（5）使用本品时应穿戴防护服和手套，避免皮肤直接接触药液和吸入药液。施药期间不可进食和饮水。施药后应及时清洗受污皮肤和施药器械。

（6）剩余药液和空容器要妥善处理，不得随意丢弃或挪作他用。

（7）孕妇及哺乳期妇女禁止接触本品。

（8）赤眼蜂等天敌放飞区禁用。

三、乙霉威·咯菌腈（diethofencarb·fludioxonil）

乙霉威是一种非常独特的内吸性杀菌剂，具有保护和治疗作用。乙霉威属氨基甲酸酯类内吸性杀菌剂，高效、低毒，持效期长。咯菌腈属非内吸性的杀菌剂。

（一）绿色环保新剂型

30%乙霉威·咯菌腈悬浮剂。

（二）作用机理与产品特点

乙霉威作用特点是一种与多菌灵有负交互抗性的杀菌剂。药剂进入菌体细胞后与菌体细胞内的微管蛋白结合，从而影响细胞的分裂。咯菌腈的作用效果通过抑制葡萄糖磷酰化有关的转移，并抑制真菌菌丝体的生长，最终导致病菌死亡。作用机理独特，与现有杀菌剂无交互抗性。

（1）抑菌作用。抑制病原真菌的孢子萌发、芽管伸长和菌丝生长，可抑制病菌的生长繁殖。

（2）稳定性好。光照半衰期长，有效成分能够保留在槟榔叶片、根茎表面，建立起一个防止土传或外传病菌侵染种苗的保护区。

（3）杀菌谱非常广。镰刀菌、链格孢菌、立枯病菌、褐腐病菌等担子菌、子囊菌和半知菌都是复配制剂的靶标。

（4）安全性好。对作物安全、无药害。

（三）防治对象与使用方法

槟榔上用于防治根腐病、茎基腐病、鞘腐病、炭疽病、叶斑病等。叶部病害800～1 500倍液喷雾；根部病害灌根：苗龄树800～1 000倍液，成龄树300～500倍液。

（四）注意事项

（1）使用本品应采取相应的安全防护措施，穿防护服、戴防护手套、口罩等，避免皮肤接触及口鼻吸入，使用中不准吸烟、饮水、进食，使用后要及时清洗手、脸等暴露部位并更换衣物。

（2）使用时应远离蜂场、蚕室等地区。剩余药液要妥善保管，施药后将器械清洗干净，禁止在河塘等水域清洗施药器具。不要污染水源及其他非目标区域，使用过的空包装，用清水冲洗3次后妥善处理，切勿重复使用或改作其他用途。

（3）孕妇及哺乳期妇女避免接触本品。

（4）不能与铜制剂及酸碱性较强的农药混用。

（5）避免大量、过度连续使用。使用的间隔时间为14天以上。

四、嘧菌酯（azoxystrobin）

（一）绿色环保剂型

50%嘧菌酯水分散粒剂、25%嘧菌酯悬浮剂和10%嘧菌酯微囊悬浮剂。

（二）作用机理与产品特点

嘧菌酯的作用机理是通过抑制真菌细胞色素bc1间的电子传递，从而抑制线粒体的呼吸作用使真菌细胞死亡而达到杀菌剂的目的。独特的杀菌作用造就了嘧菌酯高效、广谱的杀菌性能。

（1）杀菌谱广。嘧菌酯是一种广谱杀菌剂，几乎可用于防治所有真菌病害，喷洒一次，可同时防治几十种病害，大大减少了喷药次数。

（2）渗透性强。嘧菌酯具有很强的渗透性，在使用时不需要添加任何渗透剂，即可以跨层渗透，只需要喷施叶片正面，就可快速渗透到叶片背面，达到正打反死的防治效果。

（3）内吸传导性好。嘧菌酯具有很强的内吸传导性，一般施药后能快速被叶片、茎秆和根系吸收并快速传导到植株的各个部位，因此，不但能用于喷雾，也可用于种子处理和土壤处理。

（4）持效期长。嘧菌酯叶片喷施，持效期可达15～20天，拌种和土壤处理持效期可达50天以上，大大减少喷药次数。

（5）混配性好。嘧菌酯混配性好，可与百菌清、苯醚甲环唑、烯酰吗啉等几十种药剂混配，通过混配不但延缓了病菌的抗药性，也提高了防治效果。

（三）防治对象与使用方法

嘧菌酯可以用于防治槟榔炭疽病、叶斑病、大茎点霉叶斑病，也可用于槟榔种子处理消毒。在发生初期用50%嘧菌酯水分散粒剂3 500～4 500倍液或25%嘧菌酯悬浮剂2 500～3 500倍液，均匀喷雾。根据病害发生情况，隔10～15天后再喷1次。槟榔种子消毒100～200倍液。

（四）注意事项

（1）嘧菌酯不能与有机磷类乳油混用，也不能与有机硅类增效剂混用，避免发生药害。

（2）在作物病害的发病初期用药，防治效果最佳。

（3）一年内最多使用3次，一方面是为了减缓病害产生抗性，另一方面，嘧菌酯有很强的渗透作用，在杀菌的同时会打破植物细胞排列，然后再重组，这样容易造成叶片的老化衰落。

五、苯醚甲环唑（difenoconazole）

苯醚甲环唑是一种高效广谱的三唑类杀菌剂，是甾醇脱甲基化抑制剂，具高效、广谱、低毒、用量低，是三唑类杀菌剂的优良品种，其内吸性强，作用机理独特，槟榔上用于多种真菌类病害防控。

（一）绿色环保剂型

10%苯醚甲环唑水分散粒剂、20%苯醚甲环唑微乳剂、30%苯醚甲环唑悬浮剂和3%苯醚甲环唑悬浮剂种衣剂。

（二）作用机理与产品特点

苯醚甲环唑是甾醇脱甲基化抑制剂，主要是抑制病原菌细胞麦角甾醇的生物合成，从未破坏病原菌细胞结构与功能。

（1）高效。苯醚甲环唑杀菌效力比其他三环唑杀菌剂杀菌效力高1～2个数量级，且防治持效期长。

（2）广谱。苯醚甲环唑对果树、蔬菜、小麦、马铃薯、豆类、瓜类等作物的多种真菌类病害有效。

（3）低毒。苯醚甲环唑对人畜毒性比一般的三环唑杀菌剂低，不污染环境、不污染农产品、不杀天敌，对蜜蜂无毒。

（4）低残留。苯醚甲环唑对食品和环境污染轻，土壤中移动性小，易缓慢降解。

（三）防治对象与使用方法

可以用于防治槟榔炭疽病、叶斑病等病害。防治炭疽病时，在发生初期用10%苯醚甲环唑水分散粒剂800～1 000倍液或20%苯醚甲环唑微乳剂1 000～1 500倍液，均匀喷雾。根据病害发生情况，隔10～15天后再喷1次。

（四）注意事项

（1）苯醚甲环唑不宜与铜制剂混用。因为铜制剂能降低它的杀菌能力，如果确实需要与铜制剂混用，则要加大苯醚甲环唑10%以上的用药量。苯醚甲环唑虽有内吸性，可以通过输导组织传送到植物全身，但为了确保防治效果，在喷雾时用水量一定要充足，要求槟榔全株均匀喷药。

（2）槟榔可根据树体大小确定喷液量，大树喷液量多，小树喷液量少。施药应选早晚气温低、无风时进行。晴天空气相对湿度低于65%、气温高于28 ℃、风速大于5 m/s时应停止施药。

（3）苯醚甲环唑虽有保护和治疗双重效果，但为了尽量减轻病害造成的损失，应充分发挥其保护作用，因此施药时间宜早不宜迟，应在发病初期进行喷药效果最佳。

六、氟硅唑（flusilazole）

氟硅唑是一种甲基硅烷唑类杀菌剂，易溶于多种有机溶剂，属于甾醇脱甲基化的抑制剂，能控制菌丝体的伸长，阻碍孢子芽管的生长，从而损坏细胞膜的麦角甾醇的合成，造成细胞膜无法形成而死亡，对担子菌、子囊菌、半知菌等有良好的防治效果。

（一）绿色环保剂型

30%氟硅唑微乳剂、25%氟硅唑水乳剂。

（二）作用机理与产品特点

氟硅唑属于三唑类杀菌剂，作用原理是破坏和阻止麦角甾醇的生物合成，阻止与破坏细胞膜的形成，致使病菌死亡，主要用来针对子囊菌纲，担子菌纲和半知菌类真菌进行防治。氟硅唑具有很高的活性和强劲的内吸性，药效作用快，拥有双向传导性，施药可以快速创建起防御体系，杀灭入侵病原体，限制病害的流行，渗透力及黏着力极强，耐雨水冲刷，持效期长。安全性高，具有防病、增产双重功效。

（1）药效快。施药后能快速达到靶标，对病原菌进行杀灭，同时能在作物表面快速建立起防御体系，对作物进行有效防护。

（2）广谱。氟硅唑对炭疽病、叶斑病、根腐病等多种真菌性病害都有较优的防治效果。

（3）内吸传导性强。氟硅唑具有很高的活性和强劲的内吸性，拥有双向传导性，药液能迅速被作物吸收，把病原菌及孢子杀死，预防、治疗作用兼具。

（4）增产增效。喷施氟硅唑能够增强作物的光合作用，调节作物生长，提高坐果率，减少落果率，提高产量，提升果实品质。

（三）防治对象与使用方法

氟硅唑可以用于防治槟榔炭疽病、叶斑病、根腐病等病害。防治炭疽病、叶斑病时，在发生初期用30%氟硅唑微乳剂3 000～4 000倍液，均匀喷雾。根据病害发生情况，隔10～15天后再喷1次。

（四）注意事项

（1）氟硅唑使用浓度过高，对作物生长有明显的抑制作用，应严格按要求使用。

（2）在1年内使用次数不要超过3次，以免产生抗药性，造成药效下降。

（3）在病原菌对三唑酮、烯唑醇、多菌灵等药剂已产生抗药性的地区，可换用本剂。在施药过程，要注意防护。

（4）该药混用性能好，可与大多数杀菌剂、杀虫剂混用，但不能与强酸和强碱性药剂混用。

七、腈菌唑（myclobutanil）

腈菌唑是一种三唑类杀菌剂，化学式是$C_{15}H_{17}ClN_4$，具有保护和治疗活性。主要对病原菌的麦角甾醇的生物合成起抑制作用，对子囊菌、担子菌均具有较好的防治效果。该药剂内吸性强，持效期长，杀菌效率高，同时对作物安全，有一定刺激生长作用，起到较好的预防和治疗作用。

（一）绿色环保剂型

40%腈菌唑悬浮剂。

（二）作用机理与产品特点

腈菌唑的杀菌原理是通过抑制真菌（卵菌除外）孢子的形成过程中细胞膜的形成，因而对病害具有治疗作用。

（1）高效。腈菌唑的分子结构上并不带戊唑醇和己唑醇上的羟乙基，但其杀菌活性明显优于戊唑醇和己唑醇。

（2）内吸传导性强。腈菌唑可以被植物组织吸收并在植株的导管内向顶传导，也就是说，喷施在植株下部叶片上的腈菌唑药剂可以随着蒸腾作用的拉力，传导至上部叶片。但喷施在上部叶片上的药剂不能向下传导。

（3）促生长。腈菌唑对植物的生长有一定的促进作用。如果增加剂量，也会抑制植物的生长。

（三）防治对象与使用方法

腈菌唑可以用于防治槟榔炭疽病、根腐病等病害。防治炭疽病时，在发生初期用40%腈菌唑悬浮剂2 500～3 500倍液，均匀喷雾。根据病害发生情况，隔10～15天后再喷1次。

（四）注意事项

（1）腈菌唑不宜与铜制剂混用。因为铜制剂能降低它的杀菌能力，如果确实需要与铜制剂混用，则要加大用药量。腈菌唑虽有内吸性，可以通过输导组织传送到植物全身，但为了确保防治效果，在喷雾时用水量一定要充足，要求全株均匀喷药。

（2）储存于阴凉、通风的库房，应与氧化剂、食用化学品分开存放，切忌混储。

（3）腈菌唑虽有保护和治疗双重效果，但为了尽量减轻病害造成的损失，应充分发挥其保护作用，因此施药时间宜早不宜迟，应在发病初期进行喷药效果最佳。

八、咪鲜胺（prochloraz）

咪鲜胺又称扑霉灵、丙灭菌、施保克、咪鲜安，是一种咪唑类广谱农药杀菌剂。尽管其不具有内吸作用，但具有一定的传导性能。对多种作物由子囊菌和半知菌引起的病害具有明显的防效，也可以与大多数杀菌剂、杀虫剂、除草剂混用，均有较好的防治效果。

（一）绿色环保剂型

25%咪鲜胺水乳剂、20%咪鲜胺微乳剂。

（二）作用机理与产品特点

咪鲜胺通过抑制病菌体内甾醇的生物合成，使病菌无法生长。对于子囊菌和半知菌引起的多种病害防效极佳，特别是对各种作物炭疽病有特效。

（1）高效。咪鲜胺杀菌效力优于其他咪唑类杀菌剂，且防治持效期长。

（2）广谱。可防治果树、蔬菜等的多种病害。

（3）低毒。对人畜毒性低，对环境友好。

（4）低残留。对食品和环境污染轻，在日常使用时常用于做水果保鲜剂。

（三）防治对象与使用方法

咪鲜胺可以用于防治槟榔炭疽病、叶斑病、根腐病等病害。防治炭疽病时，在发生初期用25%咪鲜胺水乳剂1 000～1 500倍液或25%咪鲜胺微乳剂1 000～1 500倍液，均匀喷雾。根据病害发生情况，隔10～15天后再喷1次。

（四）注意事项

（1）咪鲜胺间隔期为7天，每年最多施药2～3次。

（2）控制好储室温湿度，做好储室通风及工作。

（3）本品对鱼有毒，不可污染鱼塘、河道或水沟。

（4）使用时穿戴好防护用品，使用后洗净手和脸。

第二节　槟榔用杀虫剂

一、除虫菊素（pyrethrins）

除虫菊素又称天然除虫菊素。是由除虫菊花（*Pyreyhrum cineriifoliun* Trebr）中分离萃取的具有杀虫效果的活性成分。它包括除虫菊素Ⅰ（pyrethrins Ⅰ）、除虫菊素Ⅱ（pyrethrins Ⅱ）、瓜叶菊素Ⅰ（cinerin Ⅰ）、瓜叶菊素Ⅱ（cinerin Ⅱ）、茉酮菊素Ⅰ（jasmolin Ⅰ）、茉酮菊素Ⅱ（jasmolin Ⅱ）组成的。除虫菊素具有触杀、胃毒和驱避作用，能对周围神经系统、中枢神经系统及其他器官组织同时起作用。对害虫击倒力强，杀虫谱广，有较高的胃毒作用，对咀嚼式口器害虫有特效；又有强烈的触杀作用，主要用于防治刺吸式口器害虫；且击倒快，对哺乳动物安全，易降解，不污染环境。

（一）绿色环保新剂型

1.5%除虫菊素水乳剂和3%除虫菊素微胶囊悬浮剂。微囊悬浮剂是将有效成分封装在微胶囊中，通过分散剂和润湿剂悬浮在水中。当微囊悬浮剂在喷雾罐中用水稀释时会自发分散形成悬浮液，其粒径范围为0.1~20 μm。喷施时，稀释后的悬浮液能将有效成分均匀、准确地施用于作物上，这对有效控制害虫至关重要。可以通过微囊悬浮剂控制或延迟农药的释放，同时还能降低有效成分的毒性和减少有效成分的降解。

（二）作用机理与产品特点

除虫菊素是典型的神经毒剂，直接作用于可兴奋膜，干扰膜的离子传导，主要影响神经膜的钠通道，使兴奋时钠传导增加的消失过程延缓，致使跨膜钠离子流延长，引起感觉神经纤维和运动神经轴反复活动，短暂的神经细胞去极化和持续的肌肉收缩。高浓度时则抑制神经膜的离子传导，阻断兴奋。

（1）高效。除虫菊的杀虫效力一般比常用杀虫剂高1~2个数量级，且速效性好，击倒力强。

（2）广谱。对农林、园艺等多种害虫，包括刺吸式口器和咀嚼式口器的害虫均有良好的防治效果。

（3）低毒。对人畜毒性一般比有机磷和氨基甲酸酯杀虫剂低，特别是因其用量少，使用较安全。但个别品种毒性偏高，使用时仍需注意。除虫菊对鸟类低毒，对蜜蜂有一定的忌避作用，但多数品种对鱼、贝、甲壳类水生生物的毒性高，所以很少用于水稻田。目前也出现一些对鱼、虾毒性较低的品种。

（4）低残留。对食品和环境污染轻，天然除虫菊素在自然界分解，使用后在农产品中残留量低，不易污染环境。这类药进入土壤后，易被土壤胶粒和有机质吸附，也容易被土壤微生物分解，对蚯蚓和土壤微生物区系没有不良影响，药剂也不会渗漏入地下水。这类药剂无内吸传导性，对农作物表皮渗透性较弱，施用后药剂残留部位绝大部分在农产品表面。在动物体内易代谢，没有累积作用，也不会通过生物浓缩富集，对环境和生态系统影响较小。

（三）防治对象与使用方法

除虫菊素杀虫谱广。防治蚜虫、蓟马等时，在发生初期用3%除虫菊素微胶囊悬浮剂800~1 500倍液，均匀喷雾。根据害虫发生情况，隔10~15天后再喷1次。

（四）注意事项

（1）除虫菊素不宜与石硫合剂、波尔多液等碱性药剂混用。

（2）除虫菊素对害虫击倒力强，但常有复苏现象，特别是药剂浓度低时，故应防止浓度太低，以免降低药效。

（3）除虫菊素在低温时效果好，高温时效果差，夏季应避免在强光直射时使用，阴天或傍晚施用效果更好。

（4）除虫菊素无内吸作用，因此喷药要周到细致，一定要接触虫体才有效，因而多用于防治表皮柔嫩的害虫。

（5）除虫菊素对鱼、蛙、蛇等动物有毒麻作用，在鱼池周围不能使用。

（6）使用除虫菊素要注意使用浓度、次数以及农药的轮用，以防害虫出现抗药性。应保存在阴凉、通风、干燥处。

（7）除虫菊素的安全间隔期3~5天。

二、印楝素（azadirachtin）

印楝杀虫的有效成分是以印楝素为主，其分布于印楝种子、树皮、树叶等部位。印楝素主要为三萜类物质，与类固醇、甾类有机化合物等激素物质结构相似。印楝素对直翅目、鳞翅目、鞘翅目等害虫表现出较高的特异性抑制功能，印楝素对昆虫具有很强的胃毒、触杀、拒食、抑制害虫生长发育、驱避、抑制害虫呼吸、抑制昆虫激素分泌、降低昆虫生育能力等多种作用。其中以触杀、拒食、驱避和抑制昆虫生长发育作用尤为显著。在极低浓度下具有抑制和阻止昆虫蜕皮、降低昆虫肠道活力、抑制昆虫成虫交配产卵的作用。印楝素适用于作物整体管理和有害生物综合治理的一项植保措施。印楝素具高效、低毒、广谱，对天敌干扰少，无明显的脊椎动物毒性和作物药害，在环境中降解迅速。

（一）绿色环保新剂型

0.5%印楝素悬浮剂。

（二）作用机理与产品特点

印楝素主要作用于昆虫的内分泌系统，降低蜕皮激素的释放量；也可以直接破坏表皮结构或阻止表皮几丁质的形成，干扰呼吸代谢，影响生殖系统发育等。作用机制特殊，作用位点多，害虫不易产生抗药性。印楝素对害虫具有拒食、忌避、毒杀及影响昆虫生长发育等多种作用，并有良好的内吸传导特性。印楝素制剂施于土壤中，可被作物的根系吸收输送到茎叶，使整株植物具有抗虫性。

（1）印楝素喷雾植株后能够使害虫对植物产生厌恶和排斥感，具有驱虫效果。

（2）阻止或降低雌虫产卵，印楝油、印楝叶和种核提取物对某些鳞翅目、双翅目和鞘翅目昆虫的雌虫产卵有驱避作用。

（3）阻碍害虫取食与正常发育，印楝素不断激活了昆虫下颚栓锥感器的厌食神经原，而且抑制了引起食欲的神经原信号发放。用不同浓度的印楝素衍生物处理幼虫，能导致幼虫蜕皮延迟，蜕皮不完全（畸形）和蜕皮时死亡。

（4）使昆虫成虫产卵力下降并使卵不育，印楝素作用于神经内分泌系统，干扰了保幼激素、蜕皮激素和卵黄原蛋白的产生，从而减少了卵的生成量。此外，印楝提取物还可通过毒杀成虫、若虫，破坏昆虫的交配及异性间的联系，引发昆虫新陈代谢的变异及抑制害虫几丁质的形成等，从而降低虫口密度。

（5）对环境、人、畜、天敌安全，为目前世界公认的广谱、高效、低毒、易降解、无残留的杀虫剂，且没有耐药性。

（6）使用本品时不受温度、湿度条件的限制，方便性优于其他生物农药。

（三）防治对象与使用方法

槟榔上可用于红脉穗螟、红棕象甲、红蜘蛛、蚜虫、粉虱、叶蝉的防治。常用0.5%印楝素悬浮剂1 000 ~ 1 500倍液喷雾。

（四）注意事项

（1）印楝素属植物源杀虫剂，药效较慢，应在幼虫发生前预防使用。印楝素药效持效期长。

（2）不能与碱性化肥、农药混用，也不可用碱性水进行稀释。

（3）使用时应穿戴防护服和手套，避免吸入药液。施药期间不可吃东西和饮水。施药后应及时洗手和洗脸。

（4）大风天或预计1小时内降雨，请勿施药。

（5）中毒症状表现为恶心、呕吐等。不慎吸入，应将病人移至空气流通处。不慎接触皮肤或溅入眼睛，应用大量清水冲洗。

三、苦皮藤素（*Celastrus angulatus* Maxim）

苦皮藤的根皮和茎皮均含有多种强力杀虫成分，已从根皮或种子中分离鉴定出数十个新化合物，特别是从种油中获得4个结晶，即苦皮藤酯Ⅰ-Ⅳ、从根皮中获得5个纯天然产物，即苦皮藤素Ⅰ-Ⅴ。苦皮藤素的杀虫活性成分从苦皮藤中分离、鉴定出具有拒食活性的化合物Celangulin，其杀虫有效成分基本上是以二氢沉香呋喃为骨架的多元醇酯化合物。苦皮藤的杀虫活性成分具有麻醉、拒食和胃毒、触杀作用，并且不产生抗药性、不杀伤天敌、理化性质稳定等特点。

（一）绿色环保新剂型

0.5%苦皮藤素微乳剂，具有良好的润湿附着性和渗透传导性，能最大限度地提高药力活性，比其他剂型提高药效30%以上，且安全环保性大大提高。

（二）作用机理与产品特点

苦皮藤素毒杀成分和麻醉成分都具有二氢沉香呋喃多元醇酯结构，取代基的不同决定着化合物的活性不同。毒杀成分中活性最高的是苦皮藤素Ⅳ，在提取物中的含量最高可达2%。作用机理的初步研究表明，以苦皮藤素Ⅴ为代表的毒杀成分主要作用于昆虫肠细胞的质膜及其内膜系统，破坏其消化系统正常功能，导致昆虫进食困难，饥饿而死；以苦皮藤素Ⅳ为代表的麻醉成分可能是作用于昆虫的神经-肌肉接点，而谷氨酸脱羧酶可能是其主要作用靶标。该药不易产生抗性和交互抗性。

（1）克服一般植物源和生物杀虫剂的起效缓慢、无触杀功效、易光解、易氧化的缺点；通过赋形技术后具有一般植物源和生物杀虫剂不具备的胃毒、速杀（触杀）、熏蒸、驱赶，拒食，麻醉的多重作用。

（2）无环境污染，药效对作物时间为15～25天，对人畜无毒无害的作用量，即可显现出好的药性。

（3）制剂对粉虱、粉蚧等蜡质层较厚害虫及鞘翅目害虫均具较好活性。

（三）防治对象与使用方法

槟榔上可用于粉虱、粉蚧、蚜虫、红脉穗螟、椰心叶甲的预防及低龄幼虫的毒杀。0.5%苦皮藤素微乳剂500～800倍液，叶面或全株喷细雾至滴珠。

（四）注意事项

（1）苦皮藤素具有负温度效应，在温度较低时施药，防治效果会更理想。
（2）碱性条件容易使有效成分水解，失去活性，应避免与碱性农药混用。

（3）苦皮藤素为植物源农药，喷雾时应做到均匀周到，使得药液与虫体充分接触。

（4）不能与碱性化肥、农药混用，也不可用碱性水进行稀释。

（5）使用时应穿戴防护服和手套，避免吸入药液。施药期间不可吃东西和饮水。施药后应及时洗手和洗脸。

（6）大风天或预计1 h内降雨，请勿施药。

四、苦参碱（matrine）

苦参碱是由豆科植物苦参的干燥根、植株、果实经乙醇等有机溶剂提取制成的，是生物碱，一般为苦参总碱，其主要成分有苦参碱、槐果碱、氧化槐果碱、槐定碱等多种生物碱，以苦参碱、氧化苦参碱含量最高。苦参碱对害虫具有触杀、胃毒、内吸、忌避、拒食、绝育、干燥脱皮、麻痹神经中枢系统、虫体蛋白凝固、虫体气孔堵死，害虫窒息死亡等生物活性。能抑制抗药性的产生，对已经产生抗性的害虫仍有很强的活性。

（一）绿色环保新剂型

0.3%苦参碱水剂、0.2%苦参碱水剂、1%苦参碱可溶性液剂。

（二）作用机理与产品特点

苦参碱是一种低毒的植物源杀虫剂。害虫一旦触及，神经中枢即被麻痹，继而虫体蛋白质凝固，虫体气孔堵死，使害虫窒息而死。

（1）是一种植物源农药，具有特定性、天然性的特点，只对特定的生物产生作用，在大自然中能迅速分解，最终产物为二氧化碳和水。

（2）苦参碱为多种化学物质共同作用，使其不易导致有害物产生抗药性，能长期使用。

（3）苦参碱对相应的害虫不会直接完全毒杀，而是控制害虫生物种群数量不会严重影响到该植物种群的生产和繁衍。

（三）防治对象与使用方法

苦参碱在槟榔上主要用于防治蚜虫、红蜘蛛、介壳虫等害虫。

1%苦参碱可溶性液剂1 000～1 500倍液均匀喷雾。

（四）注意事项

（1）苦参碱不能和碱性农药混用。

（2）不适合在晴天使用，会受到太阳紫外线破坏。

（3）置于阴凉干燥处存放，避光避高温，注意防火。避免与皮肤、眼睛接触，防止由口、鼻吸入。

（4）使用时应穿戴防护服和手套，避免吸入药液。施药期间不可吃东西和饮水。施药后应及时洗手和洗脸。

（5）风天或预计1 h内降雨，请勿施药。

五、桉油精（cineole）

（一）绿色环保新剂型

5%桉油精可溶液剂。

（二）作用机理与产品特点

桉油精制剂以触杀为主，对害虫/害螨有较强的杀灭效果的桉叶素、蒎烯、香橙烯、枯烯等有效成分能直接抑制昆虫内的乙酰胆碱酯酶的合成，阻碍神经系统的传导，干扰虫体水分的代谢导致其死亡。对卵的孵化也有极好的抑制作用，能从根本上控制害虫。由于与植物有很好的同源性，长期使用对农作物有明显增产、改善品质等功效、为绿色食品原料作物和有机农业产品的生产提供了一种新型植物源农药。

（三）防治对象与使用方法

槟榔上主要用于害螨、粉虱、蓟马、象甲、介壳虫、蚜虫等多种害虫的防治。5%桉油精可溶液剂1 000～1 500倍喷雾。

（四）注意事项

（1）不能与波尔多液等碱性农药或物质混用。

（2）在配制药液时，充分搅拌均匀。

（3）本品对蜜蜂、鱼类、鸟类有毒。施药时避免对周围蜂群产生影响，蜜源作物花期以及桑园和蚕室附近禁用，远离水产养殖区施药，不要让药剂污染河流、水塘和其他水源和雀鸟聚集地。

（4）使用本品时应穿戴防护服和手套，避免吸入药液。施药期间不可吃东西和饮水，施药后应及时洗手和洗脸。

（5）天气不良时不要施药。

（6）孕妇和哺乳期妇女避免接触。

六、虫螨腈·唑虫酰胺（chlorfenapyr·tolfenpyrad）

虫螨腈是新型吡咯类化合物，与其他杀虫剂无交互抗性，作用于昆虫体内细胞的线粒体上，通过昆虫体内的多功能氧化酶起作用，主要抑制二磷酸腺苷（ADP）向三磷酸腺苷（ATP）的转化。而三磷酸腺苷储存细胞维持其生命机能所必需的能量。该药具有胃毒及触杀作用。在叶面渗透性强，有一定的内吸作用，是新型的吡咯类杀虫、杀螨剂。对钻蛀、刺吸和咀嚼式害虫及螨类有优良的防效；可以控制抗性害虫。

唑虫酰胺为新型吡唑酰胺类杀虫杀螨剂，毒性中等，具有触杀作用，并兼具杀卵、抑食、抑制产卵作用，杀虫谱广、应用范围大，对鳞翅目、半翅目、鞘翅目、膜翅目、双翅目、缨翅目害虫及螨类均有效，广泛用于蔬菜、果树等作物的害虫防治，于害虫卵孵化盛期至低龄若虫发生期间喷雾施药，有较好的速效性，且持效期可达10天左右。根据害虫发生严重程度，每次施药间隔在7~15天。

（一）绿色环保新剂型

20%虫螨腈·唑虫酰胺微乳剂。

（二）作用机理与产品特点

虫螨腈是一种新型吡咯类、低毒、长效、广谱性的杀虫杀螨剂，具有胃毒及触杀作用，并有选择性内吸活性，对植物叶面具有很强的渗透作用，虫螨腈作用于昆虫体内细胞的线粒体，通过多功能氧化酶发挥作用，导致昆虫活动减弱、昏迷进而死亡，但该药不具有杀卵活性。唑虫酰胺是一种吡唑杂环类、低毒、广谱、高效、快速降解的杀虫杀螨剂，具有触杀作用，并可杀卵、抑制产卵，其作用机理是阻止能量代谢系统中电子的传递，阻止昆虫的氧化磷酸化作用，导致昆虫无法将二磷酸腺苷（ADP）氧化为三磷酸腺苷（ATP），从而使昆虫无法获得储存能量，最终导致其死亡。因此两者复配后可同时具有胃毒、内吸、触杀的杀虫杀卵特性。

（1）杀虫谱广。防治红脉穗螟、椰心叶甲、介壳虫、粉虱、红棕象甲、螨类等多种害虫。

（2）速效性好。具有很好的渗透性和内吸传导性，施药后1 h内就能杀死害虫，24 h达到死虫高峰，当天的防效能达到95%以上。

（3）混配性好。能与甲维盐、阿维菌素、茚虫威、虱螨脲、乙基多杀菌素、甲氧虫酰肼等多个杀虫剂混配，增效作用明显，不但扩大了杀虫谱，还显著提高了药效。

（4）无交互抗性。为新型吡咯类杀虫剂，与目前市场上的主流杀虫剂没有交互抗性，在其他药剂防效不好的情况下，可选用虫螨腈·唑虫酰胺进行防治，效果突出。

（三）防治对象与使用方法

虫螨腈·唑虫酰胺能够防治槟榔椰心叶甲、红棕象甲、粉虱、介壳虫、红脉穗螟等重要害虫。

视虫害发生程度，20%虫螨腈·唑虫酰胺微乳剂800～2 000倍液进行喷雾防治。

（四）注意事项

（1）本品不可与呈碱性的农药等物质混合使用。

（2）建议与其他作用机制不同的杀虫剂轮换使用，以延缓抗性产生。

（3）水产养殖区、河塘等水体附近禁用，禁止在河塘等水体中清洗施药器具。

（4）本品对蜜蜂、鱼类等水生生物、家蚕有毒，施药期间应避免对周围蜂群的影响，蚕室和桑园附近禁用。赤眼蜂等天敌放飞区域禁用。

（5）使用本品时应穿戴防护服和手套，避免吸入药液。施药后应及时洗手和洗脸。

（6）孕妇及哺乳期妇女禁止接触。

（7）用过的容器应妥善处理，不可做他用，也不可随意丢弃。

七、啶虫脒（acetamiprid）

啶虫脒是氯化烟碱类杀虫剂，属硝基亚甲基杂环类化合物。

（一）绿色环保剂型

10%啶虫脒微乳剂、70%啶虫脒水分散粒剂。

（二）作用机理与产品特点

啶虫脒作用于昆虫神经系统突触部位的烟碱乙酰胆碱受体，干扰昆虫神经系统的刺激传导，引起神经系统通路阻塞，造成神经递质乙酰胆碱在突触部位的积累，从而导致昆虫麻痹，最终死亡。

啶虫脒具有触杀、胃毒和较强的渗透作用，杀虫速效，用量少、活性高、杀虫谱广、持效期长达20天左右，对环境相容性好等。由于其作用机理与常规杀虫剂不同，所以对有机磷、氨基甲酸酯类及拟除虫菊酯类产生抗性的害虫有特效。对人畜低毒，对天敌杀伤力小，对鱼毒性较低，对蜜蜂影响小，适用于防治果树、蔬菜等多种作物上的半翅目害虫。

（三）防治对象与使用方法

可以用于防治槟榔蚜虫、粉虱、介壳虫、椰心叶甲等，用70%啶虫脒水分散粒剂1 500～2 500倍液喷雾，隔10～15天后再喷1次。

（四）注意事项

（1）啶虫脒对桑蚕有毒性，切勿喷施到桑叶上。

（2）啶虫脒不可与强碱性药液混用。

（3）啶虫脒应储存在阴凉干燥的地方，禁止与食品混储。

（4）啶虫脒毒性小，仍须注意不要误饮或误食，万一误饮，立即催吐，并送医院治疗。

（5）啶虫脒对皮肤有低刺激性，注意不要溅到皮肤上，万一溅上，立即用肥皂水洗净。

八、吡虫啉（imidacloprid）

吡虫啉是烟碱类超高效杀虫剂，具有广谱、高效、低毒、低残留，害虫不易产生抗性，对人、畜、植物和天敌安全等特点，并有触杀、胃毒和内吸等多重作用。害虫接触药剂后，中枢神经正常传导受阻，使其麻痹死亡。产品速效性好，药后1天即有较高的防效，残留期长达25天左右。药效和温度呈正相关，温度高，杀虫效果好。主要用于防治刺吸式口器害虫。

（一）绿色环保剂型

70%吡虫啉水分散粒剂。

（二）作用机理与产品特点

吡虫啉通过烟碱乙酰胆碱受体的作用体，干扰害虫运动神经系统使化学信号传递失灵，无交互抗性问题。用于防治刺吸式口器害虫及其抗性品系。吡虫啉是新一代氯代尼古丁杀虫剂，具有广谱、高效、低毒、低残留，害虫不易产生抗性，对人、畜、植物和天敌安全等特点，并有触杀、胃毒和内吸多重药效。害虫接触药剂后，中枢神经正常传导受阻，使其麻痹死亡。速效性好，药后1天即有较高的防效。药效和温度呈正相关,温度高,杀虫效果好。主要用于防治刺吸式口器害虫。

（三）防治对象与使用方法

防治槟榔蚜虫、粉虱、叶蝉等害虫,可用70%吡虫啉水分散粒剂5 000~6 000倍液喷雾。

（四）注意事项

（1）吡虫啉不可与碱性农药或物质混用。

（2）吡虫啉使用过程中不可污染养蜂、养蚕场所及相关水源。

（3）适期用药,收获前2周禁止用药。

（4）如不慎食用,立即催吐并及时送医院治疗

（5）储藏要与食品远离,以免发生危险。

九、噻虫嗪（thiamethoxam）

噻虫嗪是一种全新结构的第二代烟碱类高效低毒杀虫剂,对害虫具有胃毒、触杀及内吸活性,用于叶面喷雾及土壤灌根处理。其施药后迅速被内吸,并传导到植株各部位。

（一）绿色环保剂型

25%噻虫嗪水分散粒剂、50%噻虫嗪水分散粒剂。

（二）作用机理与产品特点

噻虫嗪其作用机理与吡虫啉相似,可选择性抑制昆虫中枢神经系统烟酸乙酰胆碱酯酶受体,进而阻断昆虫中枢神经系统的正常传导,造成害虫出现麻痹致死。不仅具有触杀、胃毒、内吸活性,而且具有更高的活性、更好的安全性、更广的杀虫谱及作用速度快、持效期长等特点,是取代对哺乳动物毒性高、有残留和环境问题的有机磷、氨基甲酸酯、有机氯类杀虫剂的较好品种。

（三）防治对象与使用方法

防治槟榔椰心叶甲、介壳虫、粉虱、叶蝉、蚜虫等。可用25%噻虫嗪水分散粒剂2 000~3 000倍液进行喷雾防治。

（四）注意事项

不能与碱性药剂混用。不要在低于-10 ℃和高于35 ℃的环境储存。对蜜蜂

有毒，用药时要特别注意。本药杀虫活性很高，用药时不要盲目加大用药量。

十、阿维菌素（avermectins）

阿维菌素，是一类具有杀虫、杀螨、杀线虫活性的十六元大环内酯化合物，由链霉菌中灰色链霉菌发酵产生。天然Avermectins中含有8个组分，主要有4种A1a、A2a、B1a和B2a，其总含量≥80%；对应的4个比例较小的同系物是A1b、A2b、B1b和B2b，其总含量≤20%。阿维菌素是一种新型抗生素类，具有结构新颖、农畜两用的特点，阿维菌素是一种高效、广谱的抗生素类杀虫杀螨剂。它是由一组大环内酯类化合物组成，活性物质为avermectin。喷施叶表面可迅速分解消散，渗入植物薄壁组织内的活性成分可较长时间存在于组织中并具有传导作用，对害螨和植物组织内取食为害的昆虫有长持效性。

（一）绿色环保剂型

3%阿维菌素水乳剂、1.8%阿维菌素水乳剂、5%阿维菌素微乳剂。

（二）作用机理与产品特点

阿维菌素具有触杀、胃毒作用，有较强的渗透性。它是一种大环内酯双糖类化合物。对昆虫和螨类具有触杀和胃毒作用并有微弱的熏蒸作用，无内吸作用。但它对叶片有很强的渗透作用，可杀死表皮下的害虫，且残效期长。它不杀卵。其作用机制与一般杀虫剂不同的是它干扰神经生理活动，刺激释放γ-氨基丁酸，而γ-氨基丁酸对节肢动物的神经传导有抑制作用，螨类成、若螨和昆虫与幼虫与药剂接触后即出现麻痹症状，不活动不取食，2～4天后死亡。因不引起昆虫迅速脱水，所以它的致死作用较慢。对捕食性和寄生性天敌虽有直接杀伤作用，但因植物表面残留少，因此对益虫的损伤小。

（三）防治对象与使用方法

槟榔上可用于粉虱、介壳虫、椰心叶甲、红脉穗螟及螨类害虫的防控。用5%阿维菌素微乳剂2 000～3 000倍液进行喷雾防治。

（四）注意事项

（1）该药无内吸作用，喷药时应注意喷施均匀、细致周密。

（2）不能与碱性农药混用。

（3）夏季中午时间不要喷药。

（4）储存本产品应远离高温和火源。

（5）收获前20天停止施药。

（6）避免药剂与皮肤接触或溅入眼睛，如遇此情况立即用清水冲洗，并请医生诊治。

第三节　免疫诱抗产品

一、宁南霉素（ningnanmycin）

宁南霉素是由诺尔斯链霉菌西昌变种（*Streptomyces noursei* var. *xichangensis*）菌株发酵产生的代谢产物，为首次发现的胞嘧啶核苷肽型新抗生素。目前在病毒病、霜疫病、立枯病、根腐病、细菌性叶枯病、炭疽病、茎腐病、蔓枯病、白粉病等多种病害上已大面积推广应用。

（一）绿色环保新剂型

2%宁南霉素水剂、8%宁南霉素水剂。

（二）作用机理与产品特点

宁南霉素制剂含有多种氨基酸、维生素和微量元素，对作物生长具有明显的调理、刺激生长作用，对改善农作物品质、提高产量、增加效益均有显著作用，是生长调理型的生物农药。宁南霉素是一种对植物病毒、真菌及细菌病害都具有防治效果的农用抗生素，有助于调节植物的生长功能，从而提高农产品的品质。宁南霉素能抑制病毒核酸的复制和外壳蛋白的合成，连续喷施2~3次后，对槟榔病毒病与植原体病害有一定的抑制效果，缓减槟榔黄化症状。

（1）绿色环保型生物农药。宁南霉素属胞嘧啶核苷肽型，为低毒、低残留、无"三致"和蓄积问题、不污染环境的新型微生物源剂，水剂为褐色液体，带酯香，具有预防作用，对绝大多数病害具有很好的预防作用，耐雨水冲刷，是槟榔发展所需的绿色、环保、新型生物农药。

（2）广谱型的生物农药。宁南霉素适宜防治病毒、植原体和真菌细菌混发型病害，可有效防治槟榔的病毒病、植原体黄化病、细菌性叶斑和炭疽病等。

（3）免疫诱抗型生物制剂。诱导槟榔体内对病毒病与植原体病害产生抗性，有效预防和控制槟榔病毒和植原体的复制、扩散和蔓延。

（4）生长调理型的新型生物农药。宁南霉素制剂除防病治病外，因其含有多种氨基酸、维生素和微量元素，对作物生长具有明显的调理、刺激生长作用，对改善品质、提高产量、增加效益均有显著作用。

（三）防治对象与使用方法

对槟榔病毒病、植原体黄化、槟榔细菌性叶斑病、炭疽病预防效果好。与羟烯腺·烯腺嘌呤配合使用，效果显著。

（1）针对感病植株，用0.001%羟烯腺·烯腺嘌呤水剂稀释500倍液，8%宁南霉素水剂稀释500倍液，进行叶面喷雾，每月1次。

（2）针对健康植株预防，用0.001%羟烯腺·烯腺嘌呤水剂稀释800倍液，8%宁南霉素水剂稀释800倍液，进行叶面喷雾，每3~4个月1次。

（四）注意事项

（1）在槟榔上使用该药物，安全间隔期在10天左右，每季最多使用3次。

（2）不能和呈碱性的农药等物质一起混合使用，药液和其他废液不能污染土壤或各类水源等环境。

（3）在准备施用时需要穿戴防护服与手套、口罩等，以免吸入药液，在施药时不要吃东西、喝水，施用过后要及时清洗手、脸等。

（4）不可以随意在池塘等水源处清洗施药用具。

（5）施用过后的容器要妥善处理，不要留作他用，更不可随便丢弃。

（6）儿童、老人、孕妇及哺乳期妇女不要接触该药品。

二、羟烯腺·烯腺嘌呤（isoamyl alkenyl adenine）

羟烯腺·烯腺嘌呤又称5406细胞分裂素，也叫玉米素，是生物细胞分裂与生长必需的内源激素。羟烯腺·烯腺嘌呤可以显著促进植物生长点部位细胞的分裂与生长，双向调节植物的营养与生殖的平衡，提高植物抗病、抗逆、抗病毒与补偿代谢的能力，解除药害并使生病的植物快速恢复生机。

（一）绿色环保新剂型

0.001%羟烯腺·烯腺嘌呤水剂。

（二）作用机理与产品特点

羟烯腺·烯腺嘌呤具有刺激植物细胞分裂，降低蛋白质的降解速度，保持细胞膜完整等作用，打破病毒形成的生长抑制。制剂中同时富含含糖类、生物碱、氨基酸类、蛋白质类、酚类、醇类、矿质元素、肽等物质，有助于调节生长，实现感病后快速恢复。

（1）羟烯腺·烯腺嘌呤制剂能够刺激槟榔心叶、根尖等生长点的生长，打破因病毒和植原体病害产生的生长抑制作用。

（2）羟烯腺·烯腺嘌呤制剂通过刺激植物的细胞分裂，促进叶绿素形成，增强植物的光合作用，加速植物新陈代谢和蛋白质合成，增强抗病能力。

（3）羟烯腺·烯腺嘌呤制剂能促进感染植株营养吸收，增强树势。

（三）防治对象与使用方法

羟烯腺·烯腺嘌呤水剂增强健康植株对黄化病毒和植原体病害的免疫力，缓解已染病植株的为害症状。可与宁南霉素配合使用。

（1）针对感病植株，用0.001%羟烯腺·烯腺嘌呤水剂稀释500倍液，8%宁南霉素水剂稀释500倍液，进行叶面喷雾，每月1次。

（2）针对健康植株预防，用0.001%羟烯腺·烯腺嘌呤水剂稀释800倍液，8%宁南霉素水剂稀释800倍液，进行叶面喷雾，每3～4个月1次。

（四）注意事项

（1）应在作物将要发病或发病初期开始喷药，喷药时必须均匀喷布，不漏喷。

（2）对人、畜低毒，但也应注意保管，勿与食物、饲料存放在一起。

（3）不能与碱性物质混用，如有蚜虫发生则可与杀虫剂混用。

（4）存放在干燥、阴凉、避光处。

三、氨基寡糖素（oligosaccharins）

氨基寡糖素，也称为农业专用壳寡糖，本身含有丰富的C、N，可被微生物分解利用并作为植物生长的养分。壳寡糖可改变土壤微生物区系，促进有益微生物的生长，也可刺激植物生长，使作物产生免疫作用，同时对多种植物病原菌具有一定程度的直接抑制作用。壳寡糖在应用上具有微量、高效、低成本、无公害等特点，对我国农业可持续发展具有重要意义。

（一）作用机理与产品特点

氨基寡糖素（农业级壳寡糖）能对一些病菌的生长产生抑制作用，影响真菌孢子萌发，诱发菌丝形态发生变异、孢内生化发生改变等。能诱导植物体内基因表达，产生具有抗病作用的几丁酶、葡聚糖酶、植保素及PR蛋白等，并具有细胞活化作用，有助于受害植株的恢复，促根壮苗，增强作物的抗逆性，促进植物生长发育。

（二）绿色环保新剂型

5%氨基寡糖素水剂。

（三）防治对象与使用方法

主要应用于槟榔植原体病害、黄化病毒病，提高植株抗病性，增强免疫力。

在槟榔未发病之前用5%氨基寡糖素水剂800～1 000倍液喷施，能够显著提高槟榔免疫力和抗性。

在槟榔发病之后用5%氨基寡糖素水剂600～800倍液，每10天喷施1次，能够很好地缓解槟榔病毒病与植原体引起的黄化症状。

（四）注意事项

（1）避免与碱性农药混用，可与其他杀菌剂、叶面肥、杀虫剂等混合使用。

（2）用时勿任意改变稀释倍数，若有沉淀，使用前摇匀即可，不影响使用效果。

（3）一般作物安全间隔期为3～7天，每季最多使用3次。

第四节　理化诱控产品

一、多功能太阳能物理杀虫灯

太阳能诱虫灯是利用太阳能电池板作为用电来源，其将白天太阳能发的电储存起来，晚上放电给杀虫灯具，供其工作。杀虫灯具是利用昆虫具有较强的趋光、趋色、趋性的特性原理，确定对昆虫的诱导波长，研制专用光源，利用放电产生的低温等离子体，对害虫产生的趋光兴奋效应，引诱害虫扑向灯的光源，光源外配置高压击杀网，杀死害虫，使害虫落入专用的接虫袋内，达到灭杀害虫的目的。

多功能太阳能物理杀虫灯是在普通太阳能诱虫灯的基础上针对槟榔园害虫从诱虫方式及使用安全性、便利性方面做了改进。诱虫方式上具有灯光诱集、诱控剂引诱、电击杀灭、负压内吸、黏附触杀等功能，诱虫效率更高。智能化方面具有自动倒虫、诱虫计数、光控、雨控、时控、温控、倾倒保护、手动开关、晚上自动开灯，白天自动关灯，雨天自动关灯等功能，增加了功能液晶显示、可降解的黄粘板和性诱芯缓释管等。智能化多功能太阳能物理杀虫灯由太阳能电池板、蓄电池、控制器、杀虫灯体及灯杆等几部分构成。

（一）诱虫技术

智能化多功能太阳能物理杀虫灯针对槟榔园常见的鳞翅目、鞘翅目和同翅目等害虫，同时本产品附带粘虫板，化学诱虫装置。

本产品集灯光诱捕、信息素引诱、电击杀灭、负压内吸、黏附触杀等诱集杀灭方式于一体的集成模式物理诱控设备。

（1）灯光诱捕。复合光源，选用360～445 nm作为诱虫光谱，亦可根据诱捕对象，对光源进行合理更换调整。

（2）引诱剂。13%百里香酚·诱虫烯等作为引诱物质。

（3）电击杀灭。在幼虫灯的光源周边，设置电击杀虫装置，筛选合适的电击网和有效电压。

（4）负压内吸。在集虫网入口，设置25 W的内吸风扇，使得诱虫灯周围出现局部负压气流，能够将成虫直接吸入集虫网内。

（5）黏附触杀。诱虫灯设计成四面形，全方位进虫。4个贴黄蓝色诱虫板。

（二）多功能杀虫灯参数

额定电压	11.1 V
电流（待机）	0.5 A
功率（待机）	5.5 W
体积	250 mm × 270 mm × 910 mm
电网输出高压	（5 000 ± 500）V
太阳能板	50 W
锂电池	11.1V 24AH（可根据客户要求适配）
粘板	黄、蓝粘板
信息素	诱芯缓释管
设计寿命	5～8年
控害面积	15～30亩（根据地形、虫害情况和树龄调整）
灯体重量	10 kg
灯杆高度	2～5 m（可根据客户要求定做）
液晶显示	带显示屏
产品说明	光控、雨控、时控、温控、倾倒保护、手动开关、晚上自动开灯，白天自动关灯，雨天自动关灯

（三）田间安装使用

设备安装，优先采用整体安装，选择地势平坦、视野相对开阔的地点，安装高度距离设备顶端距离地面2 m，安装时太阳能光板调节对准阳光方向，在灯内放置诱虫烯；贴上黄、蓝诱虫光板，开光灯时间为出厂前设定，一般选择18：00—6：00，每天12 h，最后接通电源。

诱控面积为15～30亩，具体需要根据地形布局。

平地和坡地（坡度≤30°）：每个诱虫灯诱集面积控制在20～30亩。

坡地（坡度>30°）：需要根据实际地形分板块进行诱虫灯布局，每个诱虫灯诱集面积控制在15～20亩为宜。

（四）杀虫灯的保养与维护

（1）本产品的自动控制防护装置适用于正常工作状态，当检修或更换灯管及其他部件时，一定要先关闭总电源，严禁带电维修。

（2）应设专人管理，经常检查电源线路、接线和电器等部分是否正常、可靠和安全（特别是异常气象发生过后）。严禁非专业技术人员打开盖子，更不得更改线路。

（3）经常检查并及时清除高压电击网上的虫体及吹挂杂物（必须在切断电源的情况下进行），特别注意高压电击网底部角落的虫体及杂物要清理干净，避免引起长时间烧毁灯体，保持表面清洁，防止雨控开关异常短路，导致诱虫灯不能正常开启。

（4）在昆虫冬季休眠期间，该产品长期停用时，应指派专人将其拆卸并运回妥善保管。

（五）锂电池的使用及安全事项

（1）电池的正、负端子间不可短路（短路可能造成烫伤、火灾危险）。

（2）禁止在密闭容器中充电（密闭容器中充电，容器破裂可能造成人身伤害）。

（3）禁止将电池放在密闭空间或火源附近（可能会引起爆炸、火灾）。

（4）在电池连接过程中，请戴好防护手套。使用扳手等金属工具时，请将金属工具进行绝缘处理后使用（如不进行绝缘处理，短路后会导致烫伤、蓄电池破损、爆炸）。

（5）如果发现电池盒有龟裂、变形现象，请更换此电池。

（6）请定期更换锂电池，不要超期使用，锂电池允许的深放电循环次数为300次，所以在日常使用过程中请勿频繁深放电。

二、诱集粘虫板

粘虫板是应用现代生物化学、光物理学的特性研发的一种快速、简便、绿色环保的新型高新杀虫产品。本产品根据害虫生活习性，以及害虫对某些化学气味及特定颜色的趋性，由特定波长的专用塑料板，特制的专用无公害粘虫胶、信息素组合加工而成，对同翅目、缨翅目及部分膜翅目害虫具有较好的诱杀效果。

（一）使用技术

本产品集光谱诱集、气味诱集为一体，对槟榔害虫，尤其是刺吸式害虫具有较好的效果。具体使用方法如下。

（1）粘虫板颜色选择：常用粘虫板均对槟榔刺吸式害虫具有诱集效果，其中以黄色和蓝色效果较好，以黄板诱虫效果最佳，总诱虫量及对蓟马、黑刺粉虱和叶蝉等3种监测害虫的诱集效果均优于蓝板和黄蓝混合板。

（2）悬挂高度：悬挂位置以树冠部位最佳，可通过铁丝钩将粘虫板悬挂于槟榔树冠下部倒数1～2叶片的基部，这样既可以保证对树冠部害虫的诱集效果，又可避免粘虫板黏附于槟榔叶片上而影响使用效率。

（3）使用密度：一般以3～4棵槟榔悬挂一张粘虫板为宜，可根据害虫发生量适当调整使用密度（图5-1）。

图5-1　粘虫板悬挂（吕朝军　拍摄）

（二）粘虫板增效成分的选择

粘虫板分别添加4种添加剂——15%蜂蜜水、糖醋液（红糖、醋、水按1∶4∶16混合）、10%诱虫烯、1%麦芽油，使用时将各添加剂用喷壶喷施在色板表面，以表面湿润且有少量液滴留下为宜，每隔3 h喷涂一次，共喷涂3次。4种添加物对黄板增效试验结果表明，添加诱虫烯可显著提高诱虫总量，同时添加诱虫烯和蜂蜜水均可显著提高对蓟马的诱集量，添加蜂蜜水可提高叶蝉诱虫量，各添加物均对黄板诱集黑刺粉虱无增效作用。对蓝板的增效作用结果表明，供试的4种添加物均可增加蓝板诱虫总量，其中以诱虫烯增效作用最佳，其次为添加蜂蜜水处理，与对照相比总诱虫量均分别显著增加。

（三）注意事项

（1）严禁在寄生蜂释放期间使用，以免影响生物防治效果。
（2）配合信息素使用效果更佳。
（3）一般在悬挂1个月后可根据粘虫板上面的虫量进行更换。
（4）粘虫板更换后立即带出田间，避免对槟榔园造成污染。
（5）优先选择环保可降解材料制作的粘虫板。

三、红棕象甲信息素及诱捕器

红棕象甲是槟榔上的重要害虫，其具有为害隐蔽、适应性强，致死率高的特点，已对我国的椰子、槟榔等棕榈科植物健康生长造成了严重影响。化学信息素是由昆虫腺体合成分泌的具有特殊气味的挥发物质，在昆虫的信息交流、报警、交配等方面起着重要的作用，利用化学信息素进行害虫的防控已经受到越来越多的重视。聚集信息素作为昆虫化学信息素的重要组成部分，有引诱群集的作用，同时聚集信息素还是重要的食物源信号，吸引雌、雄成虫及若虫前来取食。目前国内外针对红棕象甲聚集信息素的研究已有所报道，是人工模拟自然界红棕象甲个体所分泌的聚集信息素成分，经化学合成的用来引诱红棕象甲的仿生产品，结合诱捕器使用具有效果迅速、人工成本低、持效期长的特点。

（一）使用方法

（1）红棕象甲诱捕器和红棕象甲聚集信息素引诱剂的安装。带有十字挡板的桶形诱捕器：按照购买的诱捕器的使用说明进行安装，将信息素诱芯悬挂于诱捕器的十字挡板上。
多层漏斗形诱捕器：按照购买的诱捕器的使用说明进行安装，将信息素诱芯悬挂于多层漏斗的中上部。

（2）诱捕器的田间设置。按照诱捕器的安装方式采取悬挂法、直接放置法进行设置，每个诱捕器配备一个红棕象甲聚集信息素诱芯；根据设置地块的条件，将诱捕器设置于上风口的空旷地带；每45天对信息素进行1次更换；设置点设立醒目警示牌。

槟榔园红棕象甲监测：全年监测。重点监测发生疫情的有代表性的地块和发生边缘区的红棕象甲发生动态和扩散趋势。监测点面积不小于5亩，诱捕器设置密度不超过1个/5亩，桶形诱捕器采取直接地面放置法，漏斗形诱捕器悬挂安装高度为1～2 m。

槟榔园红棕象甲防治：全年防治。每10亩设置1～2个诱捕器，根据诱捕器类型，带有十字挡板的桶形诱捕器直接置于地上，桶内放置深10～15 cm清水用于防止诱捕到的红棕象甲逃逸；漏斗形诱捕器悬挂于1～2 m高度。每周清理1次诱捕器内红棕象甲（图5-2）。

图5-2　不同红棕象甲诱捕器（吕朝军　拍摄）

（二）诱捕器设置注意事项

（1）诱捕器的维护与管理。在整个监测与防治期间，要对诱捕器内的诱捕情况进行收集统计，同时检查诱捕器有无损坏并及时修复，定期清除诱捕器内杂物，对更换下来的诱芯进行集中销毁。

（2）诱捕器内诱芯使用。诱捕器内的红棕象甲聚集信息素引诱剂不可与其他信息素成分混合使用，在检查发现诱芯有破损时，要立即更换。

（3）诱捕器的放置位置。诱捕器置于上风向位置，当一年中风向有变化时，要根据实际情况调整诱捕器的安装位置。释放诱捕器的位置应空旷，附近无灌木、杂草、树体遮挡。

第五节　槟榔专用施药器械

一、静电喷雾器

静电喷雾器是指能使喷出的雾滴在靶标物上产生用静电环抱吸附效果的喷雾器。背负式液体带静电的电动喷雾器适用于小规模槟榔种植的农户。背负式静电喷雾器集电动喷雾、低量喷雾和静电喷雾等诸多优势于一身，具有节省农药、节约用水、减少污染、效果优良、机身轻巧、射程拓展、效率提高、体耗减轻、成本低等系列优点，是小规模槟榔种植户理想的高效植保消杀器械（图5-3）。

图5-3　静电喷雾器（吴朝波　拍摄）

（一）工作原理

背负式静电喷雾器使用12V铅酸蓄电池或锂电池作为动力源，通过高压静电发生器使药液带上一种极性的静电荷，同时通过技术手段使靶标物带上另外一种极性的静电荷。带有一种极性静电荷的药液经隔膜泵加压后直接从细小的喷嘴孔挤压喷出。喷出的带有一种极性静电荷的细小雾滴（雾滴中值直径40～90 μm）在外力和静电力的共同作用下，直接奔向带有另外一种极性静电荷的作物（靶标）的正反两面而被作物的靶标部位牢固吸附，从而达到高效杀虫杀菌的目的。

（二）使用方法

（1）配药参考方法。先灌入适量的清水，然后参照农药包装的说明，把每亩地的指示用药量减去30%～40%，经充分溶解调和过滤后灌入桶内，擦干桶体外表的水，盖紧桶盖后即可实施喷洒。但加入桶内的液体必须经过充分过滤，否则会造成喷头堵塞而影响正常的喷雾操作和防治效果。具体的药液与水的用量比例还可根据各人的行进速度和农作物的高低疏密情况自行进行加减调整，有的还应请相关的技术人员予以确定。在处理农药时，应遵守农药生产商所提供的安全说明。

（2）操作顺序。配药后拧紧桶盖，将储液桶背在背上，手持喷杆手柄，再开启桶体底座总开关，将喷头朝向作物进行喷洒操作。喷洒完毕后应关闭桶体底座开关。

（3）喷洒方法。喷药时从田块的上风头开始，使喷头处在人体的下风口的侧前方，这样顺着风向边向前行走边喷施农药，使喷出的细雾随风飘落吸附到作物上而避免人体遭受污染。禁止对作物进行反复喷施，以免作物受药过量。

（4）接地装置。为了强化喷雾的静电吸附效果，背负式静电喷雾器在机体上设置了电离空气接地电极。在作业时，通过空气电离传导电荷即能发挥强化静电吸附效果的作用。

（5）喷药时间。一般喷药时间为11：00前和16：00后喷施的效果较佳，但如遇大风天气，由于药雾的飘移受风影响，方向和范围可能难以掌控，故不宜使用。雨雪天和浓雾时亦不宜使用。

二、高压弥雾器

槟榔植株高，喷施药肥时通常要借助伸缩药杆，不易操作，而弥雾机喷出细雾，借助风轮形成的风能把药雾喷远，药物上升过程中接触到槟榔叶片，进而附着于槟榔叶片，达到防病抑虫的功效。因弥雾机喷出的雾滴飘散于全园，能够实现全园消杀，但其靶标性不强，因此通常应用于病虫害的预防（图5-4）。

图5-4 高压弥雾器（吴朝波 拍摄）

（一）工作原理

高压弥雾器，风力弥雾机采用风轮加高压自吸水泵，利用高压水泵把药液吸入风管前面的喷头处，喷出的水雾粒直径一般在0.5～10 μm、喷出后的水雾穿透力、在空中弥漫扩散能力等，让药液雾滴能够在槟榔树体表面叶片均匀黏附，并形成一层药膜，大幅增加了与病菌、虫害的接触机会，从而提高了病虫害防治效果的目的；针对槟榔的特点和植株高度，优化的弥雾机增加喷射高度与幅度达到10～12 m以上。

（二）使用方法

（1）兑药方法。药剂按照15～30倍稀释后加入弥雾机药箱即可。

（2）使用前检查。使用前必须松开阀门；检查火花塞等各连接处是否松脱；检查冷却用空气通道是否被堵死，避免运转中发生过热；检查空滤器是否脏污，若不清洁，将严重能响进气质量，导致汽油机运转不良，而且浪费燃料；轻拉起启动器2～3次，观察汽油机运转是否正常。

（3）加油。在停机状态下加油，使用二冲程汽油机专用机油，汽油与机油容积比为25∶1，加油量不得超过油箱容积的3/4，加完后，请仔细擦洗干净溅出的油，将油箱盖旋紧。

（4）启动。冷机启动时油门操纵手柄置于怠速位置，天冷时，可加大油门，并将风门拉杆拔出，按动油泡数次，确认回流管内有油流出；当汽油机处于暖机状态时，直接启动。

（5）熄火步骤。将油门操作手柄旋到最低位置，将药阀关闭，按下熄火按钮3秒，机械自动熄火。

（6）喷药时间。一般喷药时间为11：00前和16：00后喷施的效果较佳，但如遇大风天气，由于药雾的飘移受风影响，方向和范围可能难以掌控，故不宜使用。雨雪天和浓雾时亦不宜使用。

三、超低容量喷雾

超低容量喷雾器为电能提供动力，工作噪声低、风力雾化、大小可调，其特点是雾滴颗粒非常精细、均匀，单位面积的喷雾量非常节省，药液消耗量大约是传统喷雾器的1/10，甚至更少。超低量喷雾器产生的雾滴颗粒直径在≤50 μm以下，雾滴微小粒子表现出的无规则布朗运动，犹如悬浮在空气中的尘埃，呈悬浮状飘浮在空气中，穿透性强，可自由弥漫、扩散，能停留很长时间，喷雾几乎没有死角，有效增加覆盖面积，提高对槟榔病虫害的防控效果，可达到类似于熏蒸的效果，杀虫、杀菌、消毒效果特别好（图5-5）。

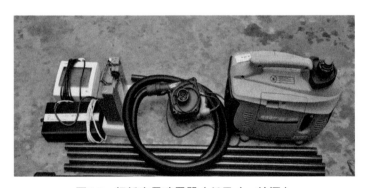

图5-5 超低容量喷雾器（任承才 拍摄）

（一）工作原理

超低容量喷雾器以大功率、高速电机旋转带动风叶产生高速旋切气流，同时将药液加压按一定流量（可调节）送到喷嘴和高速气流汇合处，在高速旋切气流和喷嘴特殊结构共同作用下，将药液破碎为极小的雾粒，由于雾粒直径只有大约20 μm，外观呈烟雾状。从而使药液雾粒在空间漂浮的时间更长，故能使药液充分发挥作用。即使活动的飞虫也无法逃避，配合有效的药物能够充分体现速杀害虫和病菌的作用。

（二）使用方法

（1）准备。使用前确认电池电量充足，打开喷雾器开关，确认喷雾器工作正常。

（2）喷施杀虫剂。要注意做好必要的安全防护，施药现场设置警戒线，禁止人或动物进入。

（3）配药。按照药物说明比例配制好药液后，使用过滤漏斗将药液加入药箱，旋紧药箱盖。

（4）施药。打开喷雾头部位电源开关，根据您的需要通过调节药液流量旋钮，即可得到您需要的喷雾量。顺时针方向调节流量旋钮为减小喷雾量，此时雾滴将变得更为细致；逆时针方向调节流量旋钮为加大喷雾量。

（5）施药完毕。清洗药箱和药路，擦干存放。长期不用，每3个月检查一次电量，电量不足请及时充电。

四、叶鞘注射器

海南槟榔上虫害为害严重，如红脉穗螟、椰心叶甲、介壳虫、粉虱、蚜虫等是槟榔上最难防治的害虫，严重影响槟榔的产量。常规喷雾防治效果不好，主要原因是为害部位特殊，常规喷雾，包括植保无人机飞防都很难取得较好的防治效果，主要原因是上述害虫隐蔽性高，如红脉穗螟成虫产卵于槟榔佛焰苞内，椰心叶甲成虫产卵于槟榔心叶，常规喷雾药液不能直达靶标，造成常规喷雾施药防治效果不理想。通过叶鞘注射器将药物直接注射到害虫为害部位的叶鞘、花苞等部位，能够实现对害虫的精准防控。

（一）工作原理

叶鞘注射施药防治害虫新技术是将药剂注射施入槟榔佛焰苞或叶鞘内部，利用药剂的扩散、渗透、传导等特性，达到控制虫害的目的。与传统的叶面喷雾相比，叶鞘注射施药具有以下优点：①农药利用率高，持续时间长，利用药剂的扩散、内吸和输导作用，使药物快速、有效地分布到害虫为害部位，药物不受风吹雨淋及光照分解，极大地提高药剂利用率和防治持效期；②杀虫范围广，叶鞘注射施药法不仅对红脉穗螟有效，对刺吸式口器害虫和隐蔽性害虫也有效，如介壳虫、蚜虫、椰心叶甲、红棕象甲、蛞蝓等；③使用安全，与喷雾和喷烟等传统施药方法相比，叶鞘注射施药工作条件好，操作者不易直接接触药物，有效地保护施药者的人身安全（图5-6）。

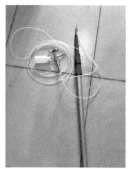

图5-6 叶鞘注射器田间应用

（二）使用方法

叶鞘注射根据防控不同害虫，采用不同药剂，防控红脉穗螟、椰心叶甲、介壳虫等，可选用20%吡虫啉悬浮剂、20%杀虫双水剂、20%氯虫苯甲酰胺悬浮剂等药剂，在槟榔佛焰苞打开前，包裹佛焰苞的叶片叶鞘松动，叶片即将脱落前，使用注射器刺穿叶鞘将药剂（制剂用量0.25 g/株）注入佛焰苞或叶鞘。采用叶鞘注射时，应根据树龄、树势、药剂成分和含量，选择合适的注射剂量。

参 考 文 献

曹涤环，2020.柑橘矢尖蚧的防治[J].湖南农业（6）：16.

曹丽，文明玲，叶志华，2014.5%云菊天然除虫菊素乳油防治茶叶假眼小绿叶蝉的研究[J].陕西农业科学，60（5）：34-36.

车海彦，曹学仁，罗大全，2017.槟榔黄化病病原及检测方法研究进展[J].热带农业科学，37（2）：67-72.

车海彦，曹学仁，沈文涛，等，2021.海南槟榔苗期主要病虫害种类调查[J].热带农业科技，44（1）：37-46.

车海彦，吴翠婷，符瑞益，等，2010.海南槟榔黄化病病原物的分子鉴定[J].热带作物学报（1）：83-87.

陈德牛，张国庆，张光，等，1996.非洲大蜗牛在云南境内传播危害[J].植物检疫，10（1）：12-13.

陈德牛，张卫红，2004.外来物种褐云玛瑙螺（非洲大蜗牛）[J].生物学通报，39（6）：15-16.

陈迪，芮凯，曾涛，等，2021.一株具有产IAA能力的解淀粉芽孢杆菌的分离鉴定及功能评价[J].中国热带农业（3）：50-58.

陈瑞屏，徐庆华，李小川，等，2003.紫红短须螨的生物学特性及其应用研究[J].中南林学院学报，23（2）：89-93.

陈义群，黄宏辉，王书秘，2004.椰心叶甲的研究进展[J].热带林业，32（3）：25-30.

陈义群，年晓丽，陈庆，2011.棕榈科植物杀手：红棕象甲的研究进展[J].热带林业，39（2）：24-28.

陈圆，芮凯，田威，等，2019.7种杀菌剂防治槟榔炭疽病的田间效果评价[J].中国热带农业（5）：37-39.

陈圆，周传波，肖彤斌，等，2011.7种杀菌剂对槟榔炭疽菌的室内毒力测定[J].广东农业科学，38（5）：99-100.

陈圆，周传波，肖彤斌，等，2012. 6种杀虫剂对槟榔园红脉穗螟防效比较[J]. 中国植保导刊，32（7）：48-49，23.

成秀娟，徐伟松，周振标，等，2012. 松脂酸铜防治柑橘溃疡病效果研究[J]. 农药科学与管理，33（7）：41-43.

邓欣，谭济才，2006. 韦伯虫座孢菌对柑橘黑刺粉虱的防治研究[J]. 河北林果研究，21（1）：71-74.

邓银宝，肖艳，范小明，等，2017. 12%松脂酸铜悬浮剂防治黄瓜细菌性角斑病试验效果初报[J]. 现代园艺（23）：5-6.

丁茜，吴伟坚，符悦冠，2011. 双钩巢粉虱产卵分泌物的化学成分[J]. 环境昆虫学报，33（3）：329-334.

董阳辉，钱剑锐，徐佩娟，2008. 双线嗜粘液蛞蝓的发生规律与防治[J]. 江西农业学报（1）：37-38，40.

樊瑛，甘炳春，陈思亮，等，1992. 用苏芸金杆菌制剂和苦楝油防治槟榔红脉穗螟[J]. 热带作物学报，13（1）：95-99.

甘炳春，周亚奎，黄良明，等，2013. 槟榔红脉穗螟综合防治技术研究[J]. 江西农业学报，25（11）：86-88.

龚培盼，李新安，王超，等，2021. 麦蚜对拟除虫菊酯类杀虫剂抗性研究进展[J]. 植物保护，47（1）：8-14.

郭蕾，邱宝利，吴洪基，等，2007. 黑刺粉虱的发生、为害及其生物防治国内研究概况[J]. 昆虫天敌，29（3）：123-128.

郭薇，2018. 枯草芽孢杆菌对苹果树腐烂病（*Valsa mali*）生防潜力研究[D]. 太谷：山西农业大学.

韩宝瑜，崔林，2004. 粉虱座壳孢和韦伯虫座孢对黑刺粉虱的侵染和流行[J]. 中国茶叶（2）：19-20.

韩宝瑜，李增智，2001. 黑刺粉虱8种虫生真菌培养性状及其侵染率[J]. 华东昆虫学报，10（1）：39-43.

韩宝瑜，张汉鹄，张建群，等，1994. 两种虫生真菌在黑刺粉虱种群中的侵染和流行[J]. 安徽农业大学学报，21（2）：131-135.

韩久凤，李艳君，罗明华，2000. 宁南霉素防治番茄、青椒病毒病试验[J]. 北方园艺（2）：43.

韩长志，2012. 胶孢炭疽病菌的研究进展[J]. 华北农学报，27（增刊），386-389.

韩宙，周靖，钟锋，等，2013. 红棕象甲危害及其防治研究进展[J]. 广东农业科学，40（1）：68-71.

何超，沈登荣，尹立红，等，2020. 印楝素乳油对井上蛀果斑螟的生物活性研究[J]. 中国南方果树，49（2）：83-87.

洪鹏，郭崇友，张宝俊，2020. 敌草快对马铃薯催枯的应用研究[J]. 世界农药，42（2）：45-47.

洪祥千，黄光斗，陈家俊，等，1985. 海南岛槟榔病虫害调查初报[J]. 中药材（4）：6-10.

胡亚杰，韦建玉，卢健，等，2019. 枯草芽孢杆菌在农作物生产上的应用研究进展[J]. 作物研究，33（2）：167-172.

黄朝豪，狄榕，马遥燕，1986. 海南槟榔炭疽病发生的初步调查及研究[J]. 热带农业科学（3）：49-50.

黄复生，2002. 海南森林昆虫[M]. 北京：科学出版社.

黄华庆，林应枢，1998. 棕榈科植物芽腐病防治[J]. 广东园林（1）：37.

黄建，罗肖南，黄邦侃，等，1999. 黑刺粉虱及其天敌的研究[J]. 华东昆虫学报，8（1）：35-40.

黄山春，李朝绪，阎伟，等，2017. 海南发现椰子织蛾的重要天敌褐带卷蛾茧蜂[J]. 生物安全学报，26（3）：256-258.

黄山春，吕烈标，覃伟权，等，2008. 我国经济棕榈植物潜在危险性害虫名录[J]. 亚热带农业研究，4（4）：276-282.

黄山春，马子龙，覃伟权，2008. 低温贮藏对椰心叶甲啮小蜂寄生率及繁殖力的影响[J]. 植物保护，34（3）：48-51.

黄山春，覃伟权，李朝绪，等，2008. 低温贮藏对椰心叶甲啮小蜂羽化率及出蜂量的影响[J]. 中国生物防治，24（1）：94-96.

黄晓瑛，尚宇，王列平，等，2014. 杀菌剂咯菌腈的合成及表征[J]. 农药，53（9）：633-635.

吉训聪，1998. 槟榔细菌性条斑病的发生及防治[J]. 植物医生（4）：8.

江月平，2000. 韦伯虫座孢苗防治茶黑刺粉虱示范推广小结[J]. 茶叶科学技术（1）：36-37.

姜珊珊，辛志梅，吴斌，等，2016. 春雷霉素与叶枯唑对黄瓜细菌性角斑病菌的联合毒力[J]. 山东农业科学，48（9）：103-106.

赖多，曹旭，邵雪花，等，2019. 印楝素对柑橘木虱的毒力测定及田间防效试验[J]. 广东农业科学，46（12）：89-94.

兰献敏，2019. 草铵膦，敌草快与草甘膦对稻茬免耕油菜田杂草的防除效果[J]. 贵州农业科学（10）：52-55.

李朝绪，黄山春，马子龙，等，2011. 垫跗螋成虫对椰心叶甲的捕食功能反应[J]. 果树学报，28（2）：353-357.

李朝绪，覃伟权，黄山春，等，2008. 海南利用寄生蜂防治椰心叶甲效果分析[J]. 林业科技开发，22（1）：41-44.

李嘉宁，赵静喃，孟庆伟，2020. 草铵膦制备工艺研究进展[J]. 农药，59（12）：859-866.

李丽，程煜，袁建琴，2020. 枯草芽孢杆菌S6抗棉花枯萎病菌拮抗蛋白的分离纯化与抑菌活性研究[J]. 天津农业科学，26（6）：3-6.

李丽，汤丽影，2020. 生物除草剂的应用与发展探讨[J]. 产业与科技论坛，19（10）：54-55.

李培征，刘文波，2020. 7种杀虫剂对槟榔矢尖蚧的毒力研究[J]. 植物医生，33（4）：33-35.

李萍，黄新动，李燕，等，2008. 非洲大蜗牛在云南的发生规律及防治方法[J]. 植物检疫，22（3）：189-190.

李萍，李燕，2008. 云南省非洲大蜗牛发生及防治研究[J]. 云南大学学报（自然科学版），30（S1）：203-205.

李占富，孙德莹，苏元吉，等，2010. 45%桉油精防治杨树食叶害虫试验[J]. 中国森林病虫，29（4）：45.

李专，2011. 槟榔病虫害的研究进展[J]. 热带作物学报，32（10）：1982-1988.

林嵩，2013. 入侵害虫：红棕象甲的主要防治措施和研究进展[J]. 福建农业科技，44（12）：77-81.

林素坤，刘凯鸿，王瑞飞，等，2020. 印楝素对草地贪夜蛾的毒力测定及田间防效[J]. 华南农业大学学报，41（1）：22-27.

刘爱群，刘伟婷，张敬涛，等，2013. 生物除草剂新发展及其在大豆田除草上的应用[J]. 大豆科学，32（5）：703-707.

刘博，阎伟，2020. 双钩巢粉虱在我国的适生区预测[J]. 植物检疫，34（4）：4.

刘奎，彭正强，符悦冠，2002. 红棕象甲研究进展[J]. 热带农业科学，22（2）：70-78.

刘丽，张亮，阎伟，等，2018. 海南省琼中县林业有害生物种类、分布及危害情况调查[J]. 热带农业科学，38（7）：67-71.

刘伟，姬志勤，吴文君，等，2015. 苦皮藤素V在粘虫和小地老虎幼虫体内的穿透与代谢[J]. 农药学报，17（3）：285-290.

刘晓霞，2017. 春雷霉素生物合成及春雷霉素高产机制的初步研究[D]. 上海：上海交通大学.

刘雨晴，范毅，景炳年，等，2018. 天然苦皮藤素与天然黄荆素对菜青虫和茶尺蠖的联合增效作用[J]. 江苏农业科学，46（2）：63-66.

刘振海，2011. 宁南霉素对水稻立枯病和烟草花叶病防治效果及作用机理的研究[D]. 长沙：湖南农业大学.

罗大全，陈慕容，叶沙冰，等，2001. 海南槟榔黄化病的病原鉴定研究[J]. 热带作物学报，22（2）：43-46.

吕宝乾，陈俊吕，彭正强，等，2018. 新入侵害虫椰子织蛾的3种本地寄生蜂[J]. 生物安全学报，27（1）：35-40.

吕宝乾，朱文静，金启安，等，2012. 椰心叶甲天敌垫跗螋的生物学研究[J]. 应用昆虫学报，49（5）：1268-1273.

吕朝军，钟宝珠，苟志辉，等，2015. 鱼藤酮和茶皂素对槟榔红脉穗螟的联合毒力[J]. 生物安全学报，24（3）：241-243.

吕朝军，钟宝珠，钱军，等，2013. 烟碱对槟榔红脉穗螟生长发育和存活的影响[J]. 生物安全学报，22（3）：201-205.

吕朝军，钟宝珠，钱军，等，2014. 绿僵菌野生菌株对红脉穗螟幼虫的致病效果研究[J]. 江西农业大学学报，36（6）：1253-1257.

吕朝军，钟宝珠，钱军，等，2015. 飞机草提取物对红脉穗螟的产卵忌避及杀卵活性[J]. 环境昆虫学报，37（3）：604-609.

吕朝军，钟宝珠，吴海霞，等，2015. 入侵植物青葙叶片提取物对红脉穗螟体重及蛹发育的影响[J]. 生物安全学报，24（3）：244-247.

马丽娟，滕忠才，臧欢，等，2012. 对斜纹夜蛾高效绿僵菌的筛选[J]. 植物保护，38（5）：78-83.

马瑞，芮凯，罗激光，等，2021. 6种植物诱抗剂对槟榔黄化病的防控效果[J]. 中国热带农业（3）：41-43.

马新颖，陈雪芬，金建忠，2000. 粉虱拟青霉对黑刺粉虱的侵染过程[J]. 中国病毒学（15）：145-147.

马燕青，2017. 草铵膦在杂交狗牙根交播黑麦草草坪建植中的应用研究[J]. 草原与草坪，37（5）：80-84.

马子龙，赵松林，覃伟权，等，2006. 椰心叶甲的天敌-椰心叶甲啮小蜂在田间扩散距离测定[J]. 中国生物防治，229（10）：11-13.

莫景瑜，符永刚，郑奋，等，2018. 文昌市槟榔主要病虫害的发生危害与防治[J]. 南方农业，12（31）：30-31，40.

裴龙飞，2016. 蔬菜尖孢镰刀菌对咪鲜胺和咯菌腈的抗药性研究[D]. 沈阳：沈阳农业大学.

蒲蛰龙，李增智，1996. 昆虫真菌学[M]. 合肥：安徽科学技术出版社：378.

秦信先，2020. 除虫菊素6个组分在传统中药材枸杞上的分析方法与残留消解研究[D]. 贵阳：贵州大学.

冉俊祥，1990. 非洲大蜗牛的传播、危害和防治[J]. 植物保护（2）：25-26.

任承才，唐睿，韩铁冰，等，2013-09-18. 一种传导功能型年年乐营养调节剂配方与制备：CN103300067A[P].

芮凯，谢圣华，陈绵才，2006. 8种杀虫制剂对椰心叶甲的防治效果评价[J]. 中国农学通报（9）：490-492.

瑞红，贾宏炎，谭全中，2008. 红棕象甲防治技术初探[J]. 森林保护（10）：31-32.

佘安容，莫章刑，2018. 矢尖蚧的发生规律及防治对策[J]. 植物医生，31（8）：37.

施秀飞，刘显良，李俊凯，等，2020. 甲基化植物油对环磺酮·莠去津防除玉米田杂草的增效作用[J]. 中国植保导刊，40（1）：85-88.

孙付超，袁静，刘洪波，等，2018. 3种生物质醋液的除草效果研究[J]. 农药，57（12）：928-931.

覃建美，罗宏果，2007. 高危检疫害虫：红棕象甲的识别和防治[J]. 植物医生，20（2）：34-35.

覃伟权，陈思婷，黄山春，等，2006. 椰心叶甲在海南的为害及其防治研究[J]. 中国南方果树，35（1）：46-47.

覃伟权，范海阔，2010. 槟榔[M]. 北京：中国农业大学出版社：1.

覃伟权，马子龙，吴多杨，等，2004. 几种引诱物对红棕象甲的诱集和田间监测[J]. 热带作物学报，25（2）：42-46.

覃伟权，阎伟，2013. 红棕象甲监测与防治[M]. 北京：中国农业出版社.

覃伟权，赵辉，韩超文，2002. 红棕象甲在海南发生为害规律及其防治[J]. 云南热作科技，25（4）：29-30.

唐美君，2001. 黑刺粉虱生物防治研究进展[J]. 茶叶科学，21（1）：4-6.

唐美君，殷坤山，陈雪芬，2003. 虫生真菌粉虱拟青霉的培养性状和寄主范围[J]. 茶叶科学，23（增）：46-52.

唐庆华，张世清，牛晓庆，等，2014. 海南槟榔细菌性叶斑病病原鉴定[J]. 植物病理学报，44（6）：700-704.

唐志祥，赵秀清，沈明光，2002. 黑刺粉虱主要生物学特性的初步研究[J]. 浙江柑橘，19（2）：24-26.

陶秀娟，2017. 宁南霉素等药剂对番茄黄化曲叶病毒病的田间防效[J]. 安徽农业科学，45（4）：161-162，165.

田红萍，2013. 野蛞蝓的发生与防治[J]. 中国园艺文摘，29（2）：151-152.

田梦，陈凯歌，曾鑫年，等，2011. 光照对除虫菊素触杀毒力的影响[J]. 环境昆虫学报，33（2）：180-184.

田蜜，钟宝珠，郭霞，2014. 印楝素对红脉穗螟发育调节及产卵力的影响[J]. 生物安全学报，23（1）：56-59.

王超，罗霓，郭利军，等，2015. 槟榔炭疽病病原菌鉴定及生物学特性研究[J]. 中国热带农业（6）：43-46.

王凤，鞠瑞亭，李跃忠，等，2010. 红棕象甲室内生物学特性及形态观察[J]. 园林科技（1）：26-29.

王冠中，2016. 嘧肽霉素和宁南霉素抗烟草花叶病毒分子机理研究[D]. 沈阳：沈阳农业大学.

王昊，李锦馨，康超，等，2021. 生物药剂对枸杞蓟马的田间药效试验[J]. 农药，60（5）：368-370.

王宏毅，2002. 卵形短须螨为害四番莲研究[J]. 福建农林大学学报：自然科学版，31（3）：320-323.

王连生，陈志生，潜祖琪，等，2008. 浙江省象甲科新记录：红棕象甲的发生与防治[J]. 浙江林业科技，28（4）：56-59.

王青青，柳璇，姜蔚，等，2016. 唑虫酰胺的残留研究进展及发展趋势[J]. 农药，55（8）：557-560.

王小梦，巴秀成，高庆华，等，2020. 印楝素等生物杀虫剂对韭菜蓟马的防治效果[J]. 浙江农业科学，61（9）：1848-1849，1853.

王彦阳，2017. 0.6%烟碱·苦参碱乳油对柑橘矢尖蚧的防治效果及其对天敌的安全性评价[J]. 农药，56（6）：457-458，460.

吴朝波，任承才，朱明军，等，2021. 虫螨腈与唑虫酰胺复配对槟榔上椰心叶甲的毒力及田间防效[J]. 植物检疫，35（3）：39-42.

吴朝波，王群章，任承才，等，2021. 30%乙霉威·咯菌腈悬浮剂对槟榔炭疽病的田间防效研究[J]. 现代农业科技（5）：129-130.

吴丽民，洪伟雄，2009. 棕榈科植物4种拟盘多毛孢病害的鉴定[J]. 中国农学通报（1）：180-183.

吴文君，2016. 植物杀虫剂苦皮藤素V作用靶标和作用机理研究进展[J]. 农药，55
（8）：547-550.

武建华，吕文霞，刘广晶，等，2019. 枯草芽孢杆菌对马铃薯黑痣病和黄萎病的
防效及对土壤酶活性的影响[J]. 中国马铃薯，33（2）：101-109.

肖春辉，2015. 5%桉油精对竹斑蛾幼虫的防效分析[J]. 世界竹藤通讯，13（3）：
25-28.

谢联辉，林奇英，2011. 植物病毒学[M]. 北京：中国农业出版社，190-201.

谢新明，徐思刚，叶波，等，2003. 黑刺粉虱的发生规律及综防技术[J]. 湖南农业
科学（3）：41-42.

徐汉虹，赖多，张志祥，2017. 植物源农药印楝素的研究与应用[J]. 华南农业大学
学报，38（4）：1-11，133.

徐建强，平忠良，刘莹，等，2017. 咯菌腈对四种牡丹叶片病原真菌的抑制活
性[J]. 中国农业科学，50（20）：4036-4045.

徐四荣，邓滨，陈连生，等，2019. 2%春雷霉素可湿性粉剂防治井冈蜜柚溃疡病
效果试验初报[J]. 南方农业，13（29）：129-130.

徐四荣，邓滨，陈连生，等，2019. 200 g·L^{-1}敌草快水剂调节水稻催枯试验效果
简报[J]. 南方农业，13（30）：25-26，28.

许建英，2005. 茶树黑刺粉虱的综合防治[J]. 茶叶科学技术（3）：31-32.

许志刚，1999. 植物检疫学[M]. 北京：中国农业科技出版社.

闫文娟，杨帅，谭煜婷，等，2020. 虫螨腈对草地贪夜蛾幼虫的室内毒力及田间
防效[J]. 环境昆虫学报，42（3）：602-606.

杨连珍，2004. 槟榔黄化病[J]. 世界热带农业信息（2）：5-7.

姚克兵，王飞兵，庄义庆，等，2015. 植物源除草剂Pure对非耕地杂草的防除效
果[J]. 杂草科学，33（3）：53-55.

尹仁国，1992. 蜗牛的防治措施[J]. 植物保护（1）：53.

游意，2016. 非洲大蜗牛的分布、传播、为害及防治现状[J]. 广西农学报，31
（1）：46-48.

于永文，2015. 蛞蝓繁殖习性研究综述[J]. 辽宁农业科学（2）：66-69.

于永文，刘长高，韩玉斗，2017. 我国蛞蝓防治研究进展[J]. 辽宁农业科学
（3）：62-66.

余凤玉，朱辉，牛晓庆，等，2015. 槟榔炭疽菌生物学特性及6种杀菌剂对其抑制
作用研究[J]. 中国南方果树，44（2）：77-80.

虞国跃，符悦冠，贤振华，2010. 海南、广西发现外来双钩巢粉虱[J]. 环境昆虫学报，32（2）：275-279，274.

苑兴辉，2020. 浅谈枯草芽孢杆菌菌肥在农业生产中的应用[J]. 河北农业（8）：58-59.

曾兆华，赵士熙，吴光远，等，2000. 茶椰圆蚧的重要天敌：日本方头甲及其捕食作用的研究[J]. 华东昆虫学报（1）：72-78.

张桂芬，郭建洋，王瑞，等，2013. 双钩巢粉虱的种特异性SS-CO I 检测技术[J]. 生物安全学报，22（3）：157-162.

张辉，李慧玲，王定锋，2014. 印楝素、苦皮藤素防治茶卷叶蛾幼虫室内试验初报[J]. 茶叶科学技术（4）：43-44.

张世青，芮凯，赵亚，等，2021. 百香果—槟榔套种栽培技术[J]. 中国南方果树，50（3）：159-166.

张中润，高燕，黄伟坚，等，2019. 海南槟榔病虫害种类及其防控[J]. 热带农业科学，39（7）：62-67.

赵士熙，曾兆华，吴光远，2001. 孟氏隐唇瓢虫和台毛艳瓢虫对茶椰圆蚧的捕食作用[J]. 华东昆虫学报，10（1）：72-76.

钟宝珠，冯焕德，张中润，等，2017. 阿维菌素和高效氯氰菊酯混配对红脉穗螟的增效作用[J]. 生物安全学报，26（4）：323-326.

钟宝珠，吕朝军，韩超文，等，2016. 青葙提取物对红脉穗螟化蛹和羽化的影响[J]. 中国南方果树，45（1）：79-81.

钟宝珠，吕朝军，钱军，等，2014. 垫跗螋对红脉穗螟幼虫的捕食功能反应[J]. 环境昆虫学报，36（2）：194-198.

钟宝珠，吕朝军，钱军，等，2014. 薇甘菊提取物对红脉穗螟的产卵忌避及杀卵作用[J]. 昆虫学报，57（9）：1112-1116.

周程爱，邹建掬，刘松，等，1995. 椰圆蚧年周期种群动态研究[J]. 湖南农业科学（2）：39-40.

周卫川，2002. 非洲大蜗牛及其检疫[M]. 北京：中国农业出版社：212.

周卫川，2006. 非洲大蜗牛种群生物学研究[J]. 植物保护，32（2）：86-88.

周卫川，陈德牛，1998. 褐云玛瑙螺在我国的适生性研究[J]. 动物学报，44（2）：138-143.

周祥，黄光斗，马子龙，等，2006. 椰心叶甲啮小蜂对寄主的选择性、适宜性和功能反应[J]. 热带作物学报，27（2）：74-77.

周亚奎，甘炳春，杨新全，等，2011. 两种生物农药对槟榔红脉穗螟的防治效果研究[J]. 江西农业学报，23（2）：117-118，121.

周永文，李小川，黄文辉，等，2003. 紫红短须螨生物学特性初步观察[J]. 广东林业科技，19（1）：37-39

朱常宝，2012. 蛞蝓的发生危害与防治[J]. 吉林蔬菜（1）：31.

朱辉，宋薇薇，余凤玉，等，2015. 海南槟榔炭疽病病原菌的鉴定[J]. 江西农业学报，27（1）：28-31.

朱辉，余凤玉，覃伟权，等，2009. 海南省槟榔主要病害调查研究[J]. 江西农业学报（10）：85-89，93.

朱丽燕，周小军，何晓婵，等，2018. 毒死蜱防治柑橘矢尖蚧的效果[J]. 浙江农业科学，59（4）：600-601.

朱文静，韩冬银，张方平，等，2010. 外来害虫双钩巢粉虱在海南的发生及温度对其发育的影响[J]. 应用昆虫学报，47（6）：1134-1140.

ALARINEZ B J M，BARRION A T，NAVASERO M V，et al.，2020. Biological control：a major component of the pest management program for the invasive coconut scale insect，*Aspidiotus rigidus* Reyne，in the Philippines[J]. Insects，11（11）：745.

ANANDARAJ M，陈有义，1985. 槟榔的疫霉病[J]. 世界热带农业信息（4）：49.

DEMBILIO O，JACAS J A，LLACER E，2009. Are the palms Washingtoniafilifbra and Chamaeropshumilis suitable hosts for the red palm weevil，*Rhynchophorus ferrugineus*（Col.：Curculionidae）[J]. Joumal of Applied Entomology，133：565-567.

European and Mediterranean plant protection organization，2008. *Rhynchophorus ferrugineus*[J]. EPP0 Bulletin，38：55-59.

FALEIRO J I L，2006. A review of the issues and management of the Red Palm Weevil *Rhynchophorus ferrugineus*（Coleoptera：Rhynehophoridae）in coconut and date palnl during the last one hundred years[J]. International Joumul of Tropical Insect Science，26（3）：135-154.

FALEIRO J R，ALSHUAIBI M A，ABRAHAM V A，1999. Technique to assess the longevity of the pheromone（Fenvlure）used in trapping the date red palm weevil *Rhynchophorus ferrugineus* Oliv [J]. Sultan Qaboos University Journal for Scientific Research Agrieultural Sciences，4（1）：5-9.

HANG T D，GEORGE A C B，GILLIAN W. et al.，2020. Discovery of false coconut scale（Aspidiotus rigidus）and three of its primary parasitoids in Việt Nam，and likely species origins[J]. Journal of Asia-Pacific Entomology, 23（2）: 395-403.

LI Y Z, ZHU Z R, JU R T, 2009. The red palm weevil, *Rhynchophorus ferrugineus*（Coleoptera: Cufculionidae）, newly reported from Zhejiang, china and update of geographical distribution[J]. Florida Entomologist, 92（2）: 386-387.

MARJORIE A. HOY, JORGE Peña, RU NGUYEN. Red Palm Mite, Raoiella indica Hirst（Arachnida: Acari: Tenuipalpidae）. IFAS Extension, 397: 1-6.

MUTHIAH C, NATARAIAN C, NAIR C P R, 2005. Evaluation of pheromones in the management of red palm weevil on coconut[J]. Indian Coconut Journal, 35（10）: 15-17.

SHARMA D D, AGARWAL M L, 1989. Save your crops from giant African snail[J]. Indian Farming, 38（12）: 15-22.

SUNPAPAO A, 2016. Algal leaf spot associated with *Cephaleuros virescens*（*Trentepohliales*, *Ulvophyceae*）on *Nephelium lappaceum* in Thailand[J]. Biodiversitas Journal of Biological Diversity, 17（1）: 31-35.

YANG K, RAN M, Li Z, et al., 2018. Analysis of the complete genomic sequence of a novel virus, areca palm necrotic spindle-spot virus, reveals the existence of a new genus in the family *Potyviridae*[J]. Archives of virology, 163（12）: 3471-3475.

YANG K, SHEN W, LI Y, et al., 2019. Areca palm necrotic ringspot virus, classified within a recently proposed genus *Arepavirus* of the family *Potyviridae*, is associated with necrotic ringspot disease in areca palm[J]. Phytopathology, 109（5）: 887-894.

YU H, QI S, CHANG Z, et al., 2015. Complete genome sequence of a novel velarivirus infecting areca palm in China[J]. Archives of virology, 160（9）: 2367-2370.

附　录

附录1　槟榔黄化病防控技术规程

1　范围

本技术规程规定了槟榔黄化病的术语与定义、调查方法及病害分级标准和防治要求。

本技术规程适用于我国槟榔种植区槟榔黄化病的防治。

2　规范性引用标准

下列标准对于本技术规程的应用是必不可少的。凡是注日期的引用标准，仅所注日期的版本适用于本技术规程。凡是不注日期的引用标准，其最新版本（包括所有的修改单）适用于本技术规程。

GB/T 8321《农药合理使用准则》（所有部分）

NY/T 393—2013《绿色食品　农药使用准则》

DB 46/T 77—2007《槟榔生产技术规程》

DB 46/T 386—2016《槟榔育苗技术规程》

3　术语与定义

下列术语和定义适用于本技术规程。

3.1　槟榔黄化病

槟榔黄化病（arecanut yellow leaf disease，AYLD）病原为植原体，隶属于细菌界（Bacteria），软壁菌门（Tenericutes），柔膜菌纲（Mollicutes），无胆甾原体目（Acholeplasmatales），无胆甾原体科（Acholeplasmataceae），植原体暂定属（*Candidatus Phytoplasma*）。槟榔黄化病表现有黄化型和束顶型2种症状。发病区有明显的发病中心，随后向四周逐步扩散，与因缺水、缺肥等造成的生理性黄化有明显的区别。

3.2　防治指标

由于防治挽回的经济损失与防治成本相等时的病害程度。

3.3　防治效果

指杀菌剂本身和多种综合因素对病害发生和为害起控制作用的结果。

3.4　安全间隔期

指最后一次施药至作物收获、使用和消耗农作物前的时期，自施药后到残留量降到最大允许残留量所需的间隔时间。

4　槟榔黄化病植株病情分级标准

0级：植株正常、叶片绿色、舒展；
1级：叶片舒展，冠层1～2片叶片黄化；
2级：叶片变小，冠层3～5片叶片黄化；
3级：整株叶片黄化，冠幅减小不足1/2，结果能力显著下降；
4级：全株黄化甚至枯死，冠幅减小超过1/2，失去经济价值。

5　防治要求

5.1　植物检疫

加强种苗检疫和疑似病株检测，严格把好种果种苗检疫关，对槟榔种子来源严格管控，确保种子健康无毒。槟榔黄化病侵染潜伏期长，苗期染病植株症状同正常植株无异，在苗期控制较为困难，因此，要一律禁止在病区留种育苗及从病区运出植株，在健康或危害较轻地区规划建圃，实行隔离封闭式育苗。加强植保人员专业化培训，提高疫区农民防病意识，针对槟榔黄化病发病区，设置种子种苗调运检疫点，禁止疫区种子种苗向外调运。种苗出圃前需经专业机构抽样检测，合格后方可出售。

5.2　生态调控

采用合理的耕作方式，实行槟榔与其他作物间种，可抑制杂草生长，保持土壤湿度，改善土壤理化性质，创造出有利于槟榔生长发育和土壤中有益微生物繁殖的微生态环境。在肥力较高并且行间光照较充足的槟榔园可间种香草兰、胡椒、益智和可可等矮秆经济作物，在肥力较低的槟榔园可间种柱花草、平托花生、硬皮豆、猪屎豆、田菁和爪哇葛藤等绿肥。

5.3 水肥管理

根据槟榔不同生长期的树体长势及营养状况来决定施肥方案，有机肥要与化肥配合施用，有利于槟榔的生长发育，促进槟榔开花结果，提高产量。于当年12月至翌年2月施花前肥1次，每株混合施过磷酸钙500 g，尿素50 g，氯化钾150 g，有机肥5~10 kg，离树干50~80 cm处挖施肥沟施入，然后少量覆土。3—5月施保花保果肥1~2次，每株施尿素25 g，氯化钾50 g，磷酸二氢钾50 g；6—9月施壮果肥1~2次，每株施尿素50 g，氯化钾50 g；以上化肥与水配成1∶1 000倍液，浇入穴位四周，或用水稀释10倍，用注射施肥枪注入土层10 cm处。另外，根据槟榔生长情况，6—8月可增施1次有机水溶肥。

5.4 促生诱抗

施用具有促生作用的枯草芽孢杆菌、解淀粉芽孢杆菌等微生物菌剂，可促进槟榔根系生长，提高对土壤中营养物质的吸收。具体施用方法如下：将微生物菌剂配制成浓度为10^6 cfu/mL的菌液施用，每株槟榔树沟施或穴施1 L。

施用免疫诱抗剂可以提高槟榔植株自身免疫力，增强对病原菌的抵抗能力。在槟榔营养生长期叶面喷施8%宁南霉素水剂600倍液或0.5%葡聚烯糖可溶粉剂5 000倍液，开花幼果期叶面喷施6%寡糖·链蛋白可湿性粉剂600倍液或0.136%赤·吲乙·芸苔可湿性粉剂600倍液，施药间隔期为7~10天，连续施药3次。

5.5 治虫防病

全面防治可能的媒介昆虫，如叶蝉，粉虱，蚜虫，介壳虫等；于每年的3—4月和10—11月进行叶面施药防治，常用药剂可选用啶虫脒、噻虫嗪、螺虫乙酯、阿维菌素、噻虫胺、呋虫胺、烯啶虫胺、高效氯氰菊酯、氟啶虫胺腈等。同时可利用黄蓝板或诱虫灯诱捕害虫，每15~20亩安装1个诱虫灯，悬挂高度距离地面2~3 m。

5.6 清除病株

对于树龄在15年以上，重度发病槟榔园（整株严重黄化或束顶），经防治后仍无法恢复正常结果的槟榔树，应采取彻底灭除的办法连根挖除销毁，砍除前3天喷施杀虫剂消灭可能的传毒媒介昆虫，砍除后在病坑中撒入石灰消毒。种植其他作物两年后重新种植健康种苗，建立新园。

5.7　统防统治

加大健康园和轻中病园统防统治力度，确保防控措施到位。在每年3—4月、7—8月和10—11月统一进行抗病毒药剂、免疫诱抗剂、杀虫剂等药剂的施用，从而降低菌源和传播媒介昆虫数量，预防和遏制病害的传播蔓延。

附录1A
（资料性附录）
槟榔黄化病发生特点与物候期主要技术环节

一、症状

槟榔黄化病表现有黄化型和束顶型2种症状。黄化型症状为：发病初期，植株树冠下部倒数第2~4张羽状叶片外缘1/4处开始出现黄化，黄化与绿色组织分界明显；抽生的花穗较正常植株短小，无法正常展开；果实呈现出鲜艳的橘黄色，有时结有少量变黑的果实，但不能食用，常提前脱落。随后黄化症状逐年加重，逐步发展到整株叶片黄化，干旱季节黄化症状更为突出，整株叶片无法正常舒展，常伴有真菌引起的叶斑及梢枯；病叶叶鞘基部的小花苞水渍状坏死，严重时呈暗黑色，花苞基部有浅褐色夹心；感病后期病株根茎部坏死腐烂，大部分染病株开始表现黄化症状后5~7年枯顶死亡；束顶型症状为：病株树冠顶部叶片明显缩小，呈束顶状，节间缩短，花穗枯萎不能结果，病叶叶鞘基部的小花苞水渍状坏死，暗黑色腐败。叶片硬而短，部分叶片皱缩畸形，大部分染病植株表现症状后5年左右枯顶死亡。

二、病原

槟榔黄化植原体（arecanut yellow leaf phytoplasma，AYL）迄今还不能在人工培养基上纯培养，不能像传统的细菌分类一样进行菌落和个体的形态学观察以及生理生化指标鉴定，植原体的分类鉴定主要依据其16S rRNA、*rp*、*secY*等保守基因序列和基因组差异，以及传播介体、天然植物寄主。

三、发生规律

气候条件的影响：气候干旱的季节中黄化症状表现最明显，而雨季来临时，发病症状能得到缓解。

与树龄的关系：槟榔黄化病为害范围覆盖槟榔各龄植株，表现健壮的植株也会突然出现黄化症状；槟榔黄化病的发病率随着树龄的增加呈现持续上升的趋势，一般在挂果10年以上的槟榔园发现，年份越久的槟榔园病情越严重，超过20年树龄的发病率较高，而新种植的槟榔园极少发现黄化病。

园地管理的影响：单一槟榔种植造成园内郁闭，病株残体留在园内，感病植株没有及时清理出园，加速病原的扩散。田间具有明显的发病中心，且呈现从中心向周边扩散的趋势。发病初期表现为叶片黄化，之后出现减产症状，后期整株黄化、束顶直至植株死亡。

地形的影响：在相同管理水平及水肥条件下，平地和低洼地槟榔黄化症状表现弱于坡地和山地。

四、槟榔物候期及主要技术环节

槟榔物候期及主要技术环节											
1月	2月	3月	4月	5月	6月	7月	8月	9月	10月	11月	12月
小寒/大寒	立春/雨水	惊蛰/春分	清明/谷雨	立夏/小满	芒种/夏至	小暑/大暑	立秋/处暑	白露/秋分	寒露/霜降	立冬/小雪	大雪/冬至
养树期		花蕾期	花期	幼果期	果实膨大期		初果期	商品果期			尾果期
施用生物有机肥和微生物菌剂作为过冬养树肥，提高槟榔抗寒抗病能力		施用植物免疫诱抗剂、保花保果剂和杀虫剂，重点防治红脉穗螟和传毒媒介昆虫，预防黄化病和病毒病			加强肥水管理，增施水溶性有机肥、叶面肥和微生物菌剂，喷施杀菌剂防病保果			施用防控病虫药剂和利用理化诱控技术（色板、灯光、信息素等），减少传毒媒介昆虫数量			采后及时清园，防病防虫

附录2 槟榔病毒病防控技术规程

1 范围

本技术规程规定了槟榔病毒病防治的术语和定义、发病症状以及防控措施。本技术规程适用于槟榔常见病毒病的防控。

2 规范性引用标准

GB/T 8321《农药合理使用准则》（所有部分）

NY/T 393—2013《绿色食品 农药使用准则》

DB 46/T 77—2007《槟榔生产技术规程》

DB 46/T 386—2016《槟榔育苗技术规程》

3 术语和定义

下列术语和定义适用于本技术规程。

3.1 综合防控技术

在"预防为主，综合防治"的植保方针基础上，以确保农业生产、农产品质量和农业生态环境安全为目标，以减少化学农药使用为目的，优先采取生态调控、生物防治、物理防治和科学用药等资源节约型、环境友好型技术来控制农作物病虫害的植物保护措施。

3.2 安全间隔期

指最后一次施药至作物收获、使用和消耗农作物前的时期，自施药后到残留量降到最大允许残留量所需的间隔时间。

3.3 槟榔黄化病毒病

该病害的病原为槟榔黄化病毒（*Areca palm velarivirus* 1，APV1），也是一种正义单链RNA病毒，属于长线形病毒科（*Closteroviridae*）、*Velarivirus*病毒属的一种病毒。该病毒的基因组由16 080 nt组成，包含11个开放阅读框，35%的GC含量，是引起槟榔黄化的主要病毒之一。

3.4 槟榔坏死环斑病毒病

该病害病原物为槟榔坏死环斑病毒（*Areca palm necrotic ring-spot virus*，ANRSV），正义单链RNA病毒，属于马铃薯Y病毒科（*Potyviridae*）、*Arepavirus*

病毒属的一种病毒。该病毒的病毒粒子呈弯曲丝状，大小为15 nm×780 nm，除去poly（A）尾巴基因组全长为9 434 nt，属马铃薯Y病毒科*Arepavirus*病毒属坏死环斑病毒，是槟榔上的一类病毒。

3.5 槟榔坏死梭斑病毒病

该病害的病原物为槟榔坏死梭斑病毒（*Areca palm necrotic spindle-spot virus*，ANSSV），具正义单链RNA，同属于马铃薯Y病毒科（*Potyviridae*）的一种病毒，该病毒的病毒粒子形状与槟榔坏死环斑病毒类似，亦呈弯曲丝状，大小15 nm×780 nm，除去poly（A）尾巴基因组全长为9 437 nt，也是槟榔上的一类重要病毒。

4 发病症状

4.1 槟榔黄化病毒病

发病初期从树冠中下部叶片开始变黄，发病叶片呈叶脉绿色、叶肉黄色的不均匀黄化，黄化与绿色部位交界明显，随后黄化症状逐步扩展至上层叶片，最后整个树冠叶片黄化甚至枯死，丧失结果能力。

4.2 槟榔坏死环斑病毒病

发病初期，叶片褪绿，中下部叶片零星出现不规则环形病斑，呈浅黄色水渍状；发病中期，病斑面积扩大，颜色加深，并逐渐聚合成片；发病后期，病斑中心及边缘呈现深褐色，多个病斑汇合，致使叶片干枯，整片叶片黄化坏死。

4.3 槟榔坏死梭斑病毒病

发病初期，叶片褪绿，中下部叶片零星出现不规则梭形病斑，呈浅黄色水渍状；发病中期，病斑面积扩大，颜色加深，并逐渐聚合成片；发病后期，病斑中心及边缘呈现深褐色，多个病斑汇合，致使叶片干枯，整片叶片黄化坏死。

5 防控措施

5.1 控制传染源

5.1.1 加强植物检疫

加强病情监测和病毒检疫工作，做好病毒防控宣传，减少病毒扩大发展。从其他地区引进的槟榔种苗，如发现相关病毒，应立即当场销毁，采用烧毁后深埋的处理方式。如当场未发现相关病毒，应在检疫苗圃中种植观察，证实确无相关病毒后才能种植。

5.1.2 砍除重病株，建立健康园

对于重度发病槟榔园，应采取彻底灭除的办法连根挖除销毁，砍除前3天喷施杀虫剂消灭可能的传毒媒介昆虫，砍除后在病坑中撒入石灰消毒。种植其他作物两年后重新种植健康种苗，建立健康槟榔园。

5.2 控虫防病

5.2.1 诱虫灯诱杀

利用诱虫灯诱捕害虫，每15～20亩安装1个诱虫灯，悬挂高度距离地面2～3 m。

5.2.2 做好田间卫生

清除残枝病叶和田间杂草，集中烧毁或者掩埋，以此减少传毒媒介昆虫的栖息场所。冬春季不除草，夏秋季节机割除草1～2次，杂草堆沤作为槟榔肥料。

5.2.3 化学药剂控虫

全面防治可能的媒介昆虫，如叶蝉，粉虱，蚜虫，介壳虫等刺吸式口器昆虫；于每年的3—4月和10—11月进行叶面施药防治，常用药剂可选用啶虫脒、噻虫嗪、螺虫乙酯、阿维菌素、噻虫胺、呋虫胺、烯啶虫胺、高效氯氰菊酯、氟啶虫胺腈等，应当根据GB/T 8321、NY/T 393的规定使用农药，控制施药剂量（或浓度）、施药次数和安全间隔期。

5.3 增强树势

5.3.1 根系微生态调控

施用微生物菌剂改善槟榔根际微生态环境，促进根系生长，提高植株抗逆性，减少病菌的侵染，每年1—2月和6—7月各施用1次复合微生物菌肥。

固体类微生物菌肥采用沟施法或环施法，沟施法具体做法如下：离树干50～80 cm处，挖长1 m×宽0.3 m×深0.5 m的浅沟（4棵树共用），每个浅沟施用20～40 kg的解淀粉芽孢杆菌和枯草芽孢杆菌复合微生物菌肥，并回填少许土；环施法具体做法如下：离树干50～80 cm处挖深约15 cm的环形沟施入微生物菌肥。

液体类微生物菌肥采用穴施法或施肥枪法，穴施法具体做法如下：用专用打孔器在离树干50 cm处打4个直径10 cm、深20 cm的小孔，环树干均匀分布，将微生物菌肥用水稀释后（有效活菌数≥1×10^6 cfu/mL），每株施用2 L，并回填少许土，之后在槟榔花期追施1～2次磷钾肥，增强作物的抗病力。或直接用施肥枪将肥料注入10 cm土层深处。

5.3.2　免疫诱抗

可选用0.5%几丁聚糖水剂、5%氨基寡糖素水剂、0.001%羟烯腺·烯腺嘌呤水剂、6%低聚糖素水剂、0.5%葡聚烯糖可溶粉剂、2%香菇多糖水剂、30%毒氟磷可湿性粉剂、8%宁南霉素水剂、6%寡糖·链蛋白可湿性粉剂等进行叶面喷施，每隔15天施用1次，共施用2~3次，依据发病程度可适当增加用药次数，激活植株免疫力，增强抗病作用。

附录3 槟榔炭疽病防控技术规程

1 范围

本技术规程规定了槟榔炭疽病的术语和定义、调查方法及病害分级标准和综合防控技术措施。

本技术规程适用于槟榔炭疽病的防控。

2 规范性引用标准

下列标准对于本技术规程的应用是必不可少的。凡是注日期的引用标准，仅所注日期的版本适用于本技术规程。凡是不注日期的引用标准，其最新版本（包括所有的修改单）适用于本技术规程。

GB/T 8321《农药合理使用准则》（所有部分）

NY/T 393—2013《绿色食品　农药使用准则》

DB 46/T 77—2007《槟榔生产技术规程》

DB 46/T 386—2016《槟榔育苗技术规程》

3 术语与定义

下列术语和定义适用于本技术规程。

3.1 槟榔炭疽病

槟榔炭疽病（*Areca catechu* anthracnose）是由半知菌类胶孢炭疽菌［*Colletotrichum gloeosporioides* Pen（=*C. arecae*. Syd.）］引起的槟榔主要病害，主要为害部位有叶片、叶鞘、花穗和果实。炭疽菌的为害症状、病原菌、发病规律见附录3A。

3.2 防治指标

由于防治挽回的经济损失与防治成本相等时的病害程度。

3.3 防治效果

指杀菌剂本身和多种综合因素对病害发生和为害起控制作用的结果。

3.4 安全间隔期

指最后一次施药至作物收获、使用和消耗农作物前的时期，自施药后到残留量降到最大允许残留量所需的间隔时间。

4 调查方法及病害分级标准

4.1 调查方法

叶部调查，每小区随机调查3株，每株槟榔树从下往叶顶调查5片叶，记录调查总叶数，各级病叶数；叶鞘调查，每小区随机调查3株，每株调查整个叶鞘，记录叶鞘发病级数；花穗调查，每小区随机调查3株，每株调查1束花穗，记录发病级数；果部调查，每小区随机调查3株，每株调查1束青果，记录调查总果数，各级病果数。

4.2 病害分级标准

叶片和叶鞘分级方法如下。

0级：无病斑；

1级：病斑面积占整个叶片面积的5%以下；

3级：病斑面积占整个叶片面积的6%~15%；

5级：病斑面积占整个叶片面积的16%~25%；

7级：病斑面积占整个叶片面积的26%~50%；

9级：病斑面积占整个叶片面积的51%以上。

花穗分级方法如下。

0级：无花穗黄化及脱落；

1级：每束花穗黄化或脱落的小花占整束花穗的5%以下；

3级：每束花穗黄化或脱落的小花占整束花穗的6%~15%；

5级：每束花穗黄化或脱落的小花占整束花穗的16%~25%；

7级：每束花穗黄化或脱落的小花占整束花穗的26%~50%；

9级：每束花穗黄化或脱落的小花占整束花穗的51%以上。

青果分级方法如下。

0级：无病斑；

1级：每只青果上病斑点少于5个；

3级：每只青果上病斑点6~15个；

5级：每只青果上病斑点16~25个；

7级：每只青果上病斑点26个以上；

9级：整个果面见病斑。

5 综合防控

5.1 防治原则

应遵循"预防为主、综合防治"的植保方针，其防治应以预防为重点，从种植园整个生态系统出发，针对槟榔炭疽病发生特点及防治要求，综合考虑影响炭疽病发生、为害的各种因素，以农业防治为基础，协调应用化学药剂防治等措施对槟榔炭疽病进行安全、有效的控制。

5.2 农业防治

搞好园地卫生，及时清除病残植株、叶片和落地的花枝、果实等，将病组织集中烧毁；合理施肥、灌溉，加强槟榔园管理，促使植株生长健壮，提高植株抗病能力；苗圃要通风透光，降低湿度，不要用病叶搭棚，以减少侵染来源；避免与交互寄生植物间种或混种，创造不利于病害发生的环境。园地选择、规划、垦地、种苗的选育、定植及田间管理等应符合DB 46/T 77—2007和DB 46/T 386—2016的要求。

5.3 化学防治

严格执行GB/T 8321《农药合理使用准则》（所有部分）。合理选用杀菌剂，严格控制农药的安全间隔期、施用剂量、和施用次数，尽量减轻化学农药对环境的污染和天敌的伤害，避免对果实造成污染。注意不同作用机理的农药的合理混用和交替使用，避免病原菌产生抗药性。防治槟榔炭疽病时使用的药剂、剂量和使用方法见附录3B。

6 防治效果检查

6.1 调查方法

按照4.1和4.2的调查方法进行。

6.2 防治效果统计

病情指数按公式（1）计算，计算结果保留小数点后两位，防治效果按公式（2）计算。

$$病情指数 = \frac{\sum(各级病叶数 \times 相应级数值)}{调查总叶数 \times 9} \times 100 \qquad （1）$$

$$防治效果（\%）= （1-\frac{CK_0病情指数 \times Pt_1病情指数}{CK_1病情指数 \times Pt_0病情指数}）\times 100 \qquad （2）$$

式中，CK_0为空白对照区施药前；CK_1为空白对照区施药后；Pt_0为药剂处理区施药前；Pt_1为药剂处理区施药后。

附录3A

（资料性附录）

槟榔炭疽病的发生特点

一、症状

叶片受害症状：感病初期呈暗绿色水渍状小点，随后变褐色，病斑可遍及整个叶片，像麻点。随着病斑扩展，其形状可呈现圆形、椭圆形或不规则形等，后期病斑边缘呈现深褐色，中间灰白色，其上生小黑点。后期病部变褐枯死，组织破裂。

叶鞘受害症状：受害叶鞘发生在3~5龄槟榔树茎干中上部的绿色叶鞘部分，绿色叶鞘受害初期呈现长椭圆形至不规则形褐色小病斑，稍下陷，继而扩大为10 cm宽、30~40 cm长的大病斑，在病斑上密生粉红色黏液状孢子堆或小黑点，引起所属叶片变黄枯死，病斑继续向茎干内和顶部嫩叶扩展，可导致植株树冠枯萎，最后导致整株槟榔枯死。

花穗受害症状：首先在雄花的小花轴上表现黄化，而后很快从顶部向下蔓延至整个花轴，引起花穗变黑褐色回枯，雌花脱落。

果实受害症状：不同阶段的果实及其果蒂都可感病。绿果感病后，出现圆形或椭圆形的暗绿色病斑，略凹陷；成熟果实发病，病斑近圆形、褐色、凹陷处密布粉红色黏状物，病斑进一步发展时，可使整个果实腐烂；果蒂发病，病斑呈不规则形，灰褐色，上生小黑点。

二、病原

由半知菌类，胶孢炭疽 [*Colletotrichum gloeosporioides* Pen（=*C. arecae. Syd.*）] 所致。病菌分生孢子座呈盘状，起初生于叶片表皮下，后突破表皮，分生孢子盘周围有黑褐色刚毛，分生孢子梗短小，不分枝，顶端着生分生孢子，分生孢子椭圆形，（4.71~5.38）μm×（14.40~17.10）μm，单胞，无色，有1~2个油球。

三、发生规律

田间病株及其残体为此病的主要侵染来源。当环境条件适宜（高湿度）时，病菌产生大量分生孢子，借风、雨、露水、昆虫传播，从寄主伤口或自然孔口侵入，潜育期2~4天。该菌可进行潜伏侵染，条件适宜时才表现症状。病菌生长温度为15~35 ℃，最适温度为25~28 ℃。孢子发芽和侵染要求有水膜或100%相对湿度，因此病害多发生于气温20~30 ℃的高湿多雨季节。遭受风雨刮伤、日灼、寒害冻伤及虫伤的槟榔树往往发病较重。缺肥、植株生长衰弱及密植、荫蔽度过大、通风透光差的槟榔园有利于病害的发生和发展。

附录3B
（资料性附录）
槟榔炭疽病常用药剂及使用技术

农药	常用药量	农药	常用药量
50%咪鲜胺锰盐可湿性粉剂	1 500倍液	12.5%腈菌唑乳油	1 000倍液
10%苯醚甲环唑水分散粒剂	1 500倍液	75%百菌清可湿性粉剂	800倍液
25%吡唑醚菌酯乳油	1 500倍液	80%代森锰锌可湿性粉剂	700倍液
430 g/L戊唑醇悬浮剂	4 000倍液	30%乙霉威·咯菌腈悬浮剂	1 000倍液
70%甲基硫菌灵可湿性粉剂	800倍液	70%甲基硫菌灵可湿性粉剂	500倍液
60%吡唑醚菌酯·代森联可湿性粉剂	2 000倍液	25%嘧菌酯水分散粒剂	1 500倍液

附录4　槟榔园红棕象甲聚集信息素引诱剂使用技术规程

1　范围

本技术规程规定了聚集信息素引诱剂在槟榔红棕象甲监测和防治中的使用条件、作业方式和使用方法。

本技术规程适用于使用聚集信息素对槟榔红棕象甲的监测和防治。

2　术语与定义

下列术语与定义适用于本技术规程。

2.1　红棕象甲聚集信息素引诱剂

红棕象甲聚集信息素引诱剂是人工模拟自然界红棕象甲个体所分泌的聚集信息素成分，经化学合成的用来引诱红棕象甲的仿生产品。

2.2　诱芯

指含有引诱剂的载体。

2.3　诱捕器

与诱芯配合使用，用于诱捕和杀灭害虫的装置。

3　使用红棕象甲信息素的条件

3.1　防治对象

红棕象甲（*Rhynchophorus ferrugineus* Olivier）。

3.2　适用作物和场所

单一种植或与其他作物间种套种的槟榔园。

4　适用时期

树龄超过5年以上的槟榔园。

5　配合聚集信息素使用的诱捕器

带有十字挡板的桶形诱捕器、多层漏斗形诱捕器。

6 作业方式

6.1 红棕象甲诱捕器和红棕象甲聚集信息素引诱剂的安装

带有十字挡板的桶形诱捕器：按照购买的诱捕器的使用说明进行安装，将信息素诱芯悬挂于诱捕器的十字挡板上。

多层漏斗形诱捕器：按照购买的诱捕器的使用说明进行安装，将信息素诱芯悬挂于多层漏斗的中上部。

6.2 诱捕器的田间设置

按照诱捕器的安装方式采取悬挂法、直接放置法进行设置，每个诱捕器配备一个红棕象甲聚集信息素诱芯；根据设置地块的条件，将诱捕器设置于上风口的空旷地带；每45天对信息素进行1次更换；设置点设立醒目警示牌。

槟榔园红棕象甲监测：全年监测。重点监测发生疫情的有代表性的地块和发生边缘区的红棕象甲发生动态和扩散趋势。监测点面积不小于5亩，诱捕器设置密度不超过1个/5亩，桶形诱捕器采取直接地面放置法，漏斗形诱捕器悬挂安装高度为1～2 m。

槟榔园红棕象甲防治：全年防治。每10亩设置1～2个诱捕器，桶形诱捕器采取直接地面放置法，漏斗形诱捕器悬挂安装高度为1～2 m。

6.3 诱捕器设置注意事项

6.3.1 诱捕器的维护与管理

在整个监测与防治期间，要对诱捕器内的诱捕情况进行收集统计，同时检查诱捕器有无损坏并及时修复，定期清除诱捕器内杂物，对更换下来的诱芯进行集中销毁。

6.3.2 诱捕器内诱芯使用

诱捕器内的红棕象甲聚集信息素引诱剂不可与其他信息素成分混合使用，在检查发现诱芯有破损时，要立即更换。

6.3.3 诱捕器的放置位置

诱捕器置于上风向位置，当一年中风向有变化时，要根据实际情况调整诱捕器的安装位置。释放诱捕器的位置应空旷，附近无灌木、杂草、树体遮挡。

7 田间应用

7.1 槟榔园红棕象甲监测

在整个监测期内，每周收集监测诱捕器中的红棕象甲成虫数量，详细记录监测结果并填写"槟榔园红棕象甲诱集监测记录表"（附表4-1），每月填写"红棕象甲月发生量监测记录表"（附表4-2）。

附表4-1　槟榔园红棕象甲诱集监测记录表

地理位置：　　　　　　树龄：　　　　监测点责任人：

诱捕器类型	诱捕器编号	红棕象甲虫口数量		新增植株受害数	其他
		雌虫	雄虫		

注："其他"指槟榔园区间种套种、喷施除草剂及特殊天气等。

监测时间：　　　年　月　日　　　　记录人：

附表4-2　红棕象甲月发生量监测记录表

地理位置：　　　　　　树龄：　　　　监测点责任人：

诱捕器类型	诱捕器编号	红棕象甲月诱集数量		本月新增植株受害数	其他
		雌虫	雄虫		

监测月份：　　　　　填表人：　　　　填表时间：

7.2 槟榔园红棕象甲防治

在槟榔园株龄超过5年开始防治，每10亩设置1～2个诱捕器。根据诱捕器类型，带有十字挡板的桶形诱捕器直接置于地上，桶内放置深10～15 cm清水用于防止诱捕到的红棕象甲逃逸；漏斗形诱捕器悬挂于1～2 m高度。每周记录1次诱捕器内红棕象甲数量并清理干净。

8 槟榔园红棕象甲聚集信息素引诱剂与其他防控措施协同应用

在槟榔园红棕象甲虫口密度较高时，可采用啶虫脒、四氯虫酰胺等具有内吸性的药剂进行应急防控，达到迅速减少园区种群数量的目的；同时配合使用绿僵菌、白僵菌、苏云金芽孢杆菌等生物防治产品使用。

附录5 应用寄生蜂防治槟榔园红脉穗螟技术规程

1 范围

本技术规程规定了采用褐带卷蛾茧蜂和周氏啮小蜂（海南种）防治槟榔红脉穗螟的释放技术、防效检查方法和注意事项。

本技术规程适用于寄生蜂对槟榔红脉穗螟的防治。

2 术语和定义

下列术语和定义适用于本技术规程。

2.1 红脉穗螟

红脉穗螟（*Tirathaba rufivena* Walker）属鳞翅目（Lepidoptera）螟蛾科（Pyralidae），是棕榈科植物槟榔的重要害虫。

2.2 褐带卷蛾茧蜂

褐带卷蛾茧蜂（*Bracon adoxophyesi* Minamikawa）为膜翅目（Hymenoptera）茧蜂科（Braconidae）茧蜂属（*Bracon*）的一种广谱性寄生蜂，田间可寄生红脉穗螟幼虫。

2.3 周氏啮小蜂（海南种）

周氏啮小蜂（海南种）（*Chouioia cunea* Yang）为膜翅目（Hymenoptera）姬小蜂科（Eulophidae）啮小蜂属（*Tetrastichus*）的一种广谱性寄生蜂，田间可寄生红脉穗螟蛹。

2.4 田间释放

寄生蜂经室内繁殖后，应用到野外田间进行释放的过程。

2.5 放蜂器

用于释放寄生蜂的载体。如试管、释放瓶或杯状释放器等。

3 释放技术

3.1 寄生蜂准备

选择当天羽化或即将羽化的褐带卷蛾茧蜂和周氏啮小蜂（海南种）进行田间释放。如果羽化当天无法进行释放，可置于4~8 ℃冷藏备用，冷藏时间不可超过7天。

3.2 释放区的选择

释放槟榔园应有红脉穗螟为害，植株受害率不低于2%。释放区近15天内未使用过化学杀虫剂。

3.3 释放前虫口密度调查

释放前在防治区设立标准对照园开展虫情调查，调查寄主虫口密度。调查时按棋盘式或五点取样法统计不同方位槟榔受害植株上花苞、果实和心叶上的虫口数，每方位统计植株数不少于5株，取平均值作为指标。虫口密度将作为释放寄生蜂数量的主要依据。

3.4 释放时间

每年5月和11月集中释放，其余月份当虫株率高于5%时开展释放。释放时气温20～34 ℃，无雨无雾、风力小于3级的天气，在上午6：00—9：00，下午16：00—18：00释放，释放后3天内无降雨。

3.5 释放方法与释放量

3.5.1 释放方法

采用试管放蜂法或杯状释放器放蜂法进行释放。其中试管放蜂法可采用试管直接释放，管口向上，试管与水平角度不小于30°；释放瓶和杯状释放器可直接用纸杯或塑料瓶制作，亦可参考国家专利"一种寄生性昆虫天敌释放器"（专利号ZL 201020699750.X）。释放时直接将释放瓶和释放杯悬挂于槟榔园，将寄生蜂置于杯中即可。间隔≤30 m设置一个释放点，放蜂器悬挂高度不低于1.5 m，且放蜂点应有红脉穗螟为害。

3.5.2 释放量

根据红脉穗螟虫口密度，以15∶1的蜂虫比确定释放寄生蜂的数量，其中褐带卷蛾茧蜂和周氏啮小蜂（海南种）的比例为2∶1。

3.6 与其他防控因子联合使用方法

（1）寄生蜂可与捕食螨、垫跗螋、草蛉等生物防治因子联合使用，达到同时控制槟榔园多种害虫的目的。使用时，将不同生防因子置于不同释放器中，以避免不同天敌之间出现相互捕食或干扰等现象。

（2）寄生蜂可与白僵菌、绿僵菌、苏云金芽孢杆菌、植物源次生物质等间隔使用。使用间隔期不少于3天。

（3）寄生蜂与常规化学药剂共同使用时，要不少于15天的安全间隔期，同时可采用增加农药增效剂的方法来减少化学杀虫剂的使用剂量。

4 防效检查方法

放蜂后1个月进行放蜂效果检查。通过寄生蜂的虫口增加率和红脉穗螟的虫口减退率进行评价。

4.1 寄生蜂虫口增加率

田间选择受红脉穗螟为害的槟榔植株，收集受害花苞、果实、心叶及僵虫、僵蛹等，放入养虫盒中。逐日统计养虫盒内从被害组织中羽化出的寄生蜂成虫个体数量。如果释放园区的寄生蜂数量显著高于释放前，则表明寄生蜂已成功定殖。

寄生蜂虫口增加率（ROI）$=[(N_a-N_b)/N_b]\times100\%$。其中，$ROI$为寄生蜂虫口增加率，$N_a$为释放寄生蜂后收集到的寄生蜂总数，$N_b$为释放前收集到的寄生蜂总数。

4.2 红脉穗螟的虫口减退率

随机选择槟榔10株，统计释放前后植株花絮、果实、心叶的红脉穗螟各虫态总量。

红脉穗螟的虫口减退率（ROD）$=[(N_b-N_a)/N_b]\times100\%$。其中，$ROD$为虫口减退率，$N_b$为处理前虫口数量，$N_a$为处理后虫口数量。

5 注意事项

（1）寄生蜂释放前后15天内严禁施用化学杀虫剂，如确须使用杀虫剂时，可选取生物源或植物源药剂。

（2）放蜂应尽量避开阴雨、高温、低温、大风等不利天气，若放蜂后1~7天连续遇此类天气，应及时进行补放。

（3）释放寄生蜂的槟榔园应尽量少用或不用粘虫板。如必须使用，要将粘虫板调整到红脉穗螟的为害部位以下，且使用时间应在寄生蜂释放之后，以避免寄生蜂被粘虫板黏附而影响寄生效果。

附录6　槟榔重要害虫椰心叶甲绿色防控技术规程

1　适用范围

本技术规程规定了槟榔椰心叶甲绿色防控的技术要求。

本技术规程适用于槟榔生产过程中针对椰心叶甲的防治。

2　规范性引用文件

SN/T 1147—2002《植物检疫　椰心叶甲检疫鉴定方法》。

NY/T 2447—2013《椰心叶甲啮小蜂和截脉姬小蜂繁育与释放技术规程》。

DB 46／T 311—2015《椰心叶甲啮小蜂人工繁育及应用技术规程》。

3　术语和定义

下列术语和定义适用于本技术规程。

3.1　椰心叶甲

椰心叶甲［*Brontispa longissima*（Gestro）］属鞘翅目（Coleoptera），铁甲科（Hispidae），*Brontispa*属，是棕榈科植物的重要害虫。以成虫形态学特征作为该虫的主要鉴定依据。各虫态鉴定执行SN/T 1147—2002。

3.2　椰甲截脉姬小蜂

椰甲截脉姬小蜂（*Asecodes hispinarum* Boucek）属膜翅目（Hymenoptera），姬小蜂科（Eulophidae），是目前控制椰心叶甲的重要幼虫寄生蜂。

3.3　椰心叶甲啮小蜂

椰心叶甲啮小蜂（*Tetrastichus brontispae* Ferrière）属膜翅目（Hymenoptera），姬小蜂科（Eulophidae），是目前控制椰心叶甲的重要寄生蜂。

3.4　放蜂器

一种用于释放寄生蜂的装置。

3.5　生物防控

利用生物物种间的相互关系，以一种或一类生物抑制另一种或另一类生物，其最大优点是不破坏环境。

3.6 绿色农药

对人类健康安全无害、对环境友好、超低用量、高选择性，以及通过绿色工艺流程生产出来的农药。

3.7 农药安全间隔期

杀虫剂最后一次使用与天敌释放或果实采收期。

4 防治技术

4.1 释放天敌寄生蜂椰心叶甲啮小蜂和椰甲截脉姬小蜂

将即将羽化的椰心叶甲寄生蜂按照每指形管内椰心叶甲啮小蜂300头左右和椰甲截脉姬小蜂1 000头左右的标准，把寄生的椰心叶甲僵虫（含椰甲截脉姬小蜂50头左右/僵虫）和僵蛹（含椰心叶甲啮小蜂20头左右/僵蛹）装入指形管放蜂器中，并用棉花塞紧管口；待羽化后，在气温20~33 ℃范围内、无雨无雾、风力小的天气条件下，按照2管/亩在槟榔园里度释放，释放时将指形管用胶带斜向上45°固定在槟榔树干上，固定高度1.5 m以上，然后拔出棉花塞，让指形管放蜂器内椰心叶甲啮小蜂和椰甲截脉姬小蜂自行飞出。每2个月释放1次，连续释放3次。

4.2 释放金龟子绿僵菌

在雨季或者阴雨连绵的冬季，将无纺布制作的金龟子绿僵菌药包或菌条悬挂在槟榔园中，每亩园悬挂5个。悬挂高度2 m以上或槟榔心部。或采用无人机从槟榔园上空喷施金龟子绿僵菌菌粉、菌液。

4.3 悬挂杀虫剂药包

在槟榔园中，针对每一株被椰心叶甲为害的槟榔植株，采用挂包装置，将杀虫剂药包悬挂于槟榔未展开心叶处，通过降雨淋溶杀虫剂达到施药部位。

4.4 喷施绿色农药

选用高效低毒且对环境友好型的杀虫剂，稀释一定浓度，对准槟榔心部进行喷施。可选用农药有啶虫脒、噻虫嗪、苦参碱、螺虫乙酯、呋虫胺、敌百虫、印楝素等。

4.5 注意事项

4.5.1 槟榔园采用放蜂时不能直接喷施化学杀虫剂。可以采用挂包法使用杀虫剂；若喷施化学杀虫剂，需2个月后才能进行寄生蜂的释放。

4.5.2　放蜂应尽力避开阴雨、低温、大风等不利天气，放蜂后若遇此类天气，应及时补放。

4.5.3　释放寄生蜂时，槟榔园内应避免悬挂诱虫色板，以免寄生蜂趋色而被黏附在上面，影响寄生蜂的寄生效果。

4.5.4　释放金龟子绿僵菌后，1周内不要在槟榔园中喷施杀菌剂防治病害。

附录7 槟榔根系修复技术规程

1 适用范围

本技术规程规定了槟榔根系修复的术语和定义、根系问题诊断和根系修复技术。

本技术规程适用于槟榔根系修复。

2 规范性引用标准

下列标准对于本技术规程的应用必不可少。凡是注明日期的引用标准，仅所注日期的版本适用于本技术规程。凡是不注明日期的引用标准，其最新版本（包括所有的修改单）适用于本技术规程。

GB/T 33469—2016《耕地质量等级》

GB/T 16453.1—2008《水土保持综合治理技术规范》

NY/T 1634—2008《耕地地力调查与质量评价技术规程》

NY/T 309—1996《全国耕地类型区、耕地地力等级划分》

3 术语与定义

槟榔根系修复：指利用人工措施，使得因槟榔土壤养分不足、肥害、旱涝、根腐病和茎腐病等因素引起的槟榔根系问题得到修复。

4 根系问题诊断

4.1 土壤养分不足引起的根系问题

土壤养分不足，直接导致根系吸收量少，无法满足槟榔植株生长，因而在叶片、花、果实等组织器官表现出缺素的症状，地上部的营养缺失同样抑制根系的生长，外部环境与内部因素将致使槟榔不发新根，甚至根枯死。因此首先观察植株叶片、花、果实等组织器官，根据缺素常见表现特征进行初步判断，结合土壤检测，根据《农业部第二次土壤普查土壤养分分级标准》判断。

4.2 肥害引起的根系问题

肥害，是指施肥不当引起植物生长受阻的现象。过量施肥、施用未充分腐熟的有机肥、过于集中施肥或长期大量施用某种肥料等。槟榔根系直接与肥相接触，过量的肥和未腐熟的有机肥往往造成槟榔烧根，影响根系对土壤水分与营养吸收运输，致使槟榔因营养缺失，而表现出褪绿、花少、落果等现象。

4.3 旱涝引起的根系问题

海南省雨热不均，槟榔种植多坡地，无法满足灌溉，槟榔园地面裸露，根系长期裸露于地表，因旱热而导致生理性坏死；部分槟榔园地势较低，排水不畅，雨季长期淹水，造成水旱涝根，引起根系缺氧坏死。

4.4 根部病害引起的根系问题

槟榔的根、茎基部受害后，不同程度地影响了植株吸收和运送水分及无机盐的能力。槟榔根系感病主要为根腐病和茎腐病。茎腐病病菌从槟榔根茎部入侵，引起根茎部坏死，地上部树冠老叶开始发黄枯死，进而扩展到新叶，树冠逐渐缩小。

5 根系修复技术

5.1 土壤养分不足采用技术措施

5.1.1 土壤养分维持施肥措施

槟榔植株会逐年消耗土壤养分，因此每年必须补充养树肥，具体为11月下旬至12月上旬开沟施入，每棵槟榔树用量：1～5龄槟榔树，硅钙镁碱性土壤调理剂［高活性复合碱式基团≥53%、糖醇钙（CaO）≥19%、水溶镁（MgO）≥14%、活性硅（Si$_2$O$_3$）≥10%，下同］0.4～0.6 kg+年年乐粉剂（0.004%羟烯腺·烯腺嘌呤，登记证号：PD20083598，下同）8～10 g+枯草芽孢杆菌（1 000亿芽孢/g，登记证号：PD20171668，下同）8～10 g+过磷酸钙0.3～0.5 kg+氮磷钾平衡型复合肥0.2～0.3 kg+纯羊粪5～8 kg。6龄以上槟榔树，硅钙镁碱性土壤调理剂0.5～1 kg+年年乐粉剂10～15 g+枯草芽孢杆菌10～15 g+过磷酸钙0.5～0.7 kg+氮磷钾平衡型复合肥0.3～0.4 kg+纯羊粪10～15 kg。该措施应用后具有改土、促根、养根、护根功效，补充了土壤有机质、活化土壤、调节土壤微环境，促进有益菌与有益微生物的增加；增加有益菌，创造良好的根际微生态环境，提高土壤的透气性，抑制有害菌；调节土壤酸度，补充钙镁等中微量元素，促进毛根新生。同时在槟榔生长关键期：花果期需要根据树体长势，适时补充适宜的高钾型复合肥和硼锌等微量元素，保花保果，促进果实膨大，提高果实品质与产量。

5.1.2 土壤养分不足施肥措施

针对土壤养分不足的槟榔园，应在正常施肥的基础上增加不足的养分量。海南属于热带气候，土壤耕层较浅，钙镁等中微量元素易淋溶，表层土壤易流失，而槟榔属于浅根系作物，因此根际土壤养分需要及时补充，其中腐熟的有机肥、钙镁等元素肥更应该加大用量，重塑土壤，保障槟榔养分的正常需求。

5.2 肥害采用技术措施

浇水降害：肥害发生初期，立即用年年乐500倍液随水冲施，促进残留在土壤耕作层的盐类、肥料等下渗，减少其在土壤间隙间的浓度，降低其对植株根系的继续影响。年年乐能刺激根系的生长，能快速恢复植株的长势，缓解烧根现象，其中含有的氨基酸能被根部快速吸收利用，缓解植株根系因烧根造成的营养不足，强壮植株长势。

5.3 旱涝采用技术措施

5.3.1 生草栽培

生草栽培常应用于果树栽培中，生草栽培不仅能够避免太阳对根系的灼伤，还能够降低地温，减少水分的蒸发，同时可以避免因水土流失造成土壤养分减少，生草栽培可抑制其他杂草生长，减少因灭草使用除草剂对根系的损伤。槟榔地中应选择喜阴的浅根系植被，推荐使用的是在槟榔地中种植平托花生，平托花生属于固氮作物，能够固定空气中的氮，为槟榔提供氮素营养。

5.3.2 蓄排设施

槟榔属于浅根系作物，水涝与旱热对槟榔根系的生长有显著影响，针对目前多数槟榔园靠天收获的问题，应该建立滴灌、喷灌等槟榔管网系统，建设良好的蓄水与排水系统，旱季及时从根部给槟榔补充水分，缓减旱灾，雨季能及时排除降雨，防止水涝。

5.4 根部病害采用技术措施

根腐与茎基腐是槟榔根部重要病害，必须做到早发现、早治理，需定期对槟榔园进行检查。槟榔园中的枯枝落叶应及时清除，同时及时清除死株或无法治疗的植株。已发病槟榔周围撒施生石灰或硫黄粉进行消毒，以减少病菌再次侵染。发病初期使用75%十三吗啉乳油1 000倍液灌根处理，可交替使用70%多菌灵可湿性粉剂600～800倍液+25%丙环唑乳油1 000倍液淋灌；发病中期施用60%精甲霜灵·霜霉威盐酸盐水剂800～1 000倍液+2%春雷霉素水剂600～800倍液+年年乐500～800倍液灌根。

附录8 槟榔园农药减施技术规程

1 范围

本技术规程规定了槟榔园化学农药减施技术的术语和定义、槟榔病虫草害化学防控的替代措施与减施方法。

本技术规程适用于海南省槟榔种植区。

2 规范性引用标准

下列标准对于本技术规程的应用是必不可少的。凡是注日期的引用标准，仅注日期的版本适用于本技术规程。凡是不注日期的引用标准，其最新版本（包括所有的修改单）适用于本技术规程。

GB/T 8321《农药合理使用准则》（所有部分）

GB/T 33006—2016《静电喷雾器 技术要求》

NY/T 1276—2007《农药安全使用规范 总则》

NY/T 2798《无公害农产品 生产质量安全控制技术规范》

DB 46/T 77—2007《槟榔生产技术规程》

3 术语和定义

下列术语和定义适用于本技术规程。

3.1 替代措施

将植物检疫、农业防控、物理防控、生物防控、生态调控、诱导免疫等措施应用于农作物病虫害防控中，来替代化学防控措施，以减少化学农药使用量。

3.2 精准施药

根据病虫发生时期及分布规律进行施药，掌握好用药时间及施药部位，提高农药对病虫的中靶率。

3.3 统防统治

由植保社会化服务组织利用先进施药机械和精准施药方法，集中连片统一实施病虫防控作业。

3.4　二次稀释法

先用少量水或稀释载体将农药制剂稀释成母液或母粉，然后再稀释到所需浓度。

3.5　诱导免疫

将外源诱导剂施用在农作物上后，通过激发其产生抵御病虫害的反应，从而达到防控病虫害的目的。

4　农药减施原则

在做好槟榔病虫监测预警的基础上，采取替代措施和农药减施方法相结合，有效降低化学农药使用次数和使用量，提高农药有效利用率，保证槟榔园生态环境安全，提升槟榔质量，实现槟榔绿色生产。

5　替代措施

5.1　植物检疫

新辟槟榔园需要从外地调运种苗时，应进行检疫。

5.2　农业防控

及时清理落叶，清除具有黄化病病原的植株；使用割草机机械除草，种植平托花生或硬皮豆覆盖防治杂草。

5.3　物理防控

根据槟榔害虫主要种类、发生规律，选择适合的物理防控措施或诱集方法。如悬挂黄板或蓝板诱杀粉虱、蓟马等害虫，覆盖防草布防治槟榔园杂草。

5.4　生物防控

5.4.1　保育天敌

槟榔园保留一定量的杂草或间作绿肥，以给天敌创造较好的栖息、繁殖场所。槟榔园害虫天敌包括椰甲截脉姬小蜂、椰心叶甲啮小蜂、褐带卷蛾茧蜂、瓢虫、草蛉、螳螂、蜘蛛、捕食螨、鸟类等。

5.4.2　释放天敌

释放捕食螨防控害螨及蓟马，释放椰甲截脉姬小蜂或椰心叶甲啮小蜂防控椰心叶甲，释放褐带卷蛾茧蜂防红脉穗螟。

5.4.3 施用生物制剂

根据槟榔园虫害主要种类、发生规律，在防治最佳时期选用合适的生物农药，如木霉菌防治槟榔病害、棉铃虫多角体病毒防治红脉穗螟、绿僵菌防治椰心叶甲等。

5.4.4 诱导免疫

采用香菇多糖、盐酸吗啉胍、氨基寡糖素和低聚糖素，在春季干旱时期叶面喷雾，间隔15～20天第2次叶面喷雾，来提高槟榔的抗逆性和抗病性从而减少农药的使用。

5.5 减施方法

5.5.1 农药选用

根据槟榔园病虫害主要种类、发生规律，选择高效低毒低残留农药，同一有效成分的产品优先选择高含量和低水溶解度的环保高效农药。严格按照农药标签标注的使用范围、使用方法和剂量、使用技术要求和注意事项以及安全间隔期来使用农药。

5.5.2 使用助剂

采用农药增效助剂如有机硅来增加药剂的渗透性、展着性或润湿性，从而减少农药使用量。

5.5.3 农药稀释

采用二次稀释法以保证药剂在水中分散均匀和用量准确。

5.5.4 施药机械

选用普通喷雾器，喷孔直径应小于1 mm，每亩用药液量60 kg左右；选用静电喷雾器应符合GB/T 33006，喷液量5～10 kg/亩；飞防应选用智能无人机进行仿地貌作业，飞行高度距离槟榔蓬面高度1～2 m，飞行速度4～5 m/s，喷液量7.5～10 L/亩，须添加专用飞防助剂。

5.5.5 根部施药

选用内吸性较强的农药，如噻虫嗪、噻虫胺、杀虫单和吡虫啉等，在距槟榔基部40 cm处挖深10 cm，长30 cm，宽20 cm的坑，将药剂施于坑中，然后填埋。或使用高压注射器将药剂注入距槟榔基部20 cm、深10 cm的位置。

5.5.6 精准施药

针对椰心叶甲和红脉穗螟重点在槟榔心部及佛焰苞喷洒药剂；在槟榔佛焰苞打开前，包裹佛焰苞的叶片叶鞘松动，叶片即将脱落前3～5天，使用注射器刺穿叶鞘把药剂注入佛焰苞上面。

5.5.7 轮换用药

将不同杀虫、杀菌机理的药剂交替轮换使用，避免因有害生物抗药性的上升而导致用药量增加。

5.5.8 统防统治

由植保社会化服务组织将"去除病株+杀虫灯+根部施药+飞防+释放椰甲截脉姬小蜂、椰心叶甲啮小蜂和褐带卷蛾茧蜂"防控模式应用于槟榔病虫害统防统治中，来提高防控的综合效益。

5.5.9 记录与存档

记录槟榔病虫害防控中所用方法及农药使用情况，包括防控时间、防控对象、农药名称、用药剂量及防控效果，建立专门档案，妥善保存。

附录9　槟榔园太阳能自控式多方式诱虫灯使用技术规程

1　范围

本技术规程规定了槟榔园太阳能自控式多方式绿色集成防控技术的防控设备准备、使用技术、管理与维护技术、调查监测方法。

本技术规程适用于槟榔园害虫诱控防治与虫情监测。

2　规范性引用标准

下列标准对于本技术规程的应用必不可少。凡是注明日期的引用标准，仅所注日期的版本适用于本技术规程。凡是不注明日期的引用标准，其最新版本（包括所有的修改单）适用于本技术规程。

GB/T 24689.1—2009《植物保护机械　虫情测报灯》

LY/T 1915—2010《诱虫灯林间使用技术规程》

3　术语

3.1　太阳能自控式多方式诱虫灯

指利用太阳能为诱虫灯提供电能，集灯光光诱、介质引诱、电击灭杀、负压内收、黏附触杀于一体的多方式诱虫功能，自发式利用昆虫的对光、颜色、气味的趋性，自发引诱和捕杀昆虫的装置。

3.2　监测

指利用诱虫灯，实施监测一定地区、一定时间内，槟榔园昆虫的发生发展动态，包括昆虫种类、数量、科属种。

4　设备安装

4.1　基本设备

太阳能自控式多方式诱虫灯系光伏板（50 W）、多方式诱虫灯、不锈钢支架、储电箱于一体。通过光传感器，采集光线强度信息，根据光线强度控制诱虫灯的开启与关闭。设备性能：集灯光光诱、介质引诱、电击灭杀、负压内吸、黏附触杀，利用诱虫灯内上下组合风扇，通过风吸法多方式无污染诱捕害虫，最大效率地提高诱捕效率。具有主副灯结构，可根据诱捕靶标害虫选择不同光源。同时副灯照亮色板，增添色板夜间诱集功能，根据害虫习性，可自动控制诱虫灯白天、夜间工作时间。诱虫灯诱杀谱广、性能稳定。

4.2 设备简图

太阳能自控式多方式诱虫灯设备简图参见附录9A。

4.3 安装空间

（1）太阳能自控式多方式诱虫灯每个能控制15~30亩槟榔园，因此应该根据槟榔园面积确定安装的数量。

（2）诱虫灯周边应具备透光性能良好，利于诱集光源的传播。

（3）槟榔园面积较大时可用GPS定位，设备安装位置记录参见附录9B。

4.4 安装高度

槟榔成年树（或高于10 m），安装时应使得多方式诱虫灯≥槟榔株高的1/3（距地面），槟榔幼龄树（或低于10 m），安装时应使得多方式害虫诱虫灯部距离地面2~3 m。

4.5 安装技术

太阳能自控式多方式诱虫灯为模块组合式安装，各模块相对独立，安装简便，按以下步骤安装。

（1）拆开设备包装，分拣设备各部分。

（2）将太阳能面板连接线和电池端电源线传入诱虫灯立杆，从安装所需高度的空位穿出至诱虫灯主体。

（3）将诱虫灯主体固定到主杆上。

（4）分别连接电池短电源线，连接光伏板电源端，测试及电气安装完成。

（5）锁紧诱虫灯顶盖、电池盒盖。

（6）固定诱虫灯立柱与电池箱的卡位螺丝。

（7）太阳能板安装应朝太阳光照较强的方向。

5 使用维护

5.1 设备使用

根据槟榔园害虫特征，调节光谱，夹上粘虫板，放置引诱剂于诱芯内。打开控制开关，设备开始工作。针对不同的害虫可以调节不同的光谱，同时在装置内部放置诱虫烯引诱剂；可根据诱集害虫趋色特性选择相关颜色的粘虫板，间隔放置。使用期间应及时（5～10天）清理集虫网、粘虫板中诱杀的害虫。

5.2 设备维护

诱虫灯使用期间应随时观察设备运转是否正常，无须使用时应按停控制开关，设备进入停止状态。

6 高效诱集

6.1 诱控槟榔害虫

太阳能自控式多方式诱虫灯能诱集槟榔园多种害虫，对槟榔园半翅目、缨翅目、鞘翅目、鳞翅目等害虫诱集效果良好。降低槟榔园害虫基数，促进槟榔健康生长。

6.2 多方式高效诱虫

太阳能自控式多方式诱虫灯具有灯光光诱、介质引诱、电击灭杀、负压内吸、黏附触杀五重诱杀害虫功能，可同时光诱、性诱、色诱进行诱集，提高了工作效率。解决现有诱虫灯诱虫方式单一的问题。

7 调查监测

7.1 昆虫鉴定

试验期间每隔5天把诱杀到的昆虫带回实验室，在体视显微镜下对昆虫进行分类鉴定，分类鉴定到目、科和种，并统计数量。为提高鉴定的精确度，以成虫进行统计。

7.2 虫害分析

太阳能自控式多方式诱虫灯使用后，其性能还可通过诱虫数量直接反应，主要应统计以下方面。

（1）统计每次诱虫数量，获得月内害虫发生变化趋势，确立每月害虫发生高峰期。记录参见附录9C。

（2）统计每月诱虫数量，获得虫害发生月变化趋势，确立一定周期内虫害发生高峰月。记录参见附录9D。

（3）统计科、属、种数量，获得害虫中主要发生害虫的科属种，确立槟榔园害虫主要发生种类。记录参见附录9E。

7.3 效益分析

太阳能自控式多方式诱虫灯使用后，其性能还可间接通过槟榔生长状况进行反映，主要应统计以下方面。

（1）槟榔虫害发生等级，以槟榔发生虫害情况作为评价依据之一。记录参见附录9F。

（2）槟榔坐果情况，统计开花、结果期坐果率，以此作为评价依据之一。记录参见附录9G。

（3）槟榔产量分析，在管理无碍前提下，以产量提高与否作为评价依据之一。记录参见附录9H。

通过诱虫情况和槟榔生产情况，可综合评价多功能多光谱多方式害虫诱捕器对于槟榔园作用，同时对槟榔园害虫进行动态监测。

附录9A
（资料性附录）
太阳能自控式多方式诱虫灯

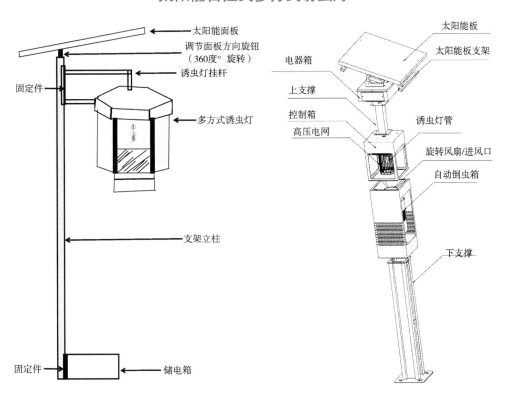

附录9B
（资料性附录）
设备安装位置记录表

槟榔园主：	面积：	诱虫灯编号：
地点：		
地理坐标：经度　　　　纬度　　　　海拔高度		
树龄（年）：	亩株数（棵）：	树高（M）：

调查人：　　　　调查时间：　　年　　月　　日

附录9C

（资料性附录）

每月害虫发生高峰期统计表

时间		统计数（头）	备注
月	每次统计数		
XX月			

附录9D

（资料性附录）

连续月害虫发生高峰期统计表

月	统计数（头）	备注
1		
2		
3		
4		
5		
6		
7		
8		
9		
10		
11		
12		

备注：月份可根据调查实际月份增减表格。

记录人： 记录时间： 年 月 日

附录9E

（资料性附录）

害虫科属种统计表

目	科	种	数量（头）	各科占总虫比例（%）	各目占总虫比例（%）
总数					

备注：可根据统计目、科、种数量，增加表格行列。

记录人：　　　　记录时间：　　年　月　日

附录9F

（资料性附录）

槟榔虫害发生等级统计表

昆虫主要种类	为害部位	发生等级

分级标准为：“+”代表叶片被食或被为害产生落叶或落果10%以下；“++”代表叶片被食或被为害产生落叶或落果10%～20%；“+++”代表叶片被食或被为害产生落叶或落果20%～30%；“++++”代表叶片被食或被为害产生落叶或落果30%～40%；“+++++”代表叶片被食或被为害产生落叶或落果50%以上；

记录人：　　　　记录时间：　　年　月　日

附录9G
（资料性附录）
槟榔坐果情况统计表

统计时期	坐果率（%）	备注（管理及天气状况）
开花期		
结果期		
果实膨大期		
收获期		

记录人：　　　　记录时间：　　年　月　日

附录9H
（资料性附录）
槟榔产量统计表

穗数（穗/株）	结果数（个/穗）	鲜果重（g/果）	单株产量（kg/株）

记录人：　　　　记录时间：　　年　月　日

附录10　植保无人飞机防治槟榔病虫害作业技术规程

1　范围

本技术规程规定了植保无人飞机防治槟榔病虫害时的基本要求、施药作业前准备、施药作业要求、施药作业后效果检查和机具的清洗与保养等。

本技术规程适用于植保无人飞机防治槟榔病虫害作业。

2　规范性引用标准

下列标准对于本技术规程的应用是必不可少的。凡是标注日期的引用标准，仅标注日期的版本适用于本技术规程。凡是不标注日期的引用标准，其最新版本（包括所有的修改单）适用于本技术规程。

GB/T 8321《农药合理使用准则》（所有部分）

GB 12475—2006《农药贮运、销售和使用的防毒规程》

GB/T 25415—2010《航空施用农药操作准则》

NY/T 1533—2007《农用航空器喷施技术作业规程》

NY/T 3213—2018《植保无人飞机　质量技术评价规范》

3　术语和定义

下列术语和定义适用于本技术规程。

3.1　喷幅

植保无人飞机作业会形成喷雾带，相邻两个达到足够有效雾滴覆盖密度要求的喷雾带中心线之间的距离。

3.2　作业高度

植保无人飞机作业时雾化喷头与作物冠层顶部的相对距离。

3.3　隔离带

喷雾作业区域边缘与敏感目标区域边缘之间的间隔地带。

3.4　侧风修正

作业时，根据风速、风向进行空中或地面的移位修正。

4 施药作业基本条件

4.1 气象条件

4.1.1 风速

作业时，最大风速不超过3 m/s。

4.1.2 温度与湿度

施药适宜环境温度15～35 ℃，当温度超过35 ℃时应暂停作业（参考NY/T 1533—2007）；相对湿度宜在50%以上。

4.1.3 降雨

化学农药施药后6～12 h内、生物农药施药后12～24 h内没有降雨适宜作业。

4.2 植保无人飞机

植保无人飞机应符合NY/T 3213—2018要求，维护良好，安全可靠，可以正常作业。

4.3 操作人员

4.3.1 飞控手

飞控手应经过有关航空喷洒技术的培训，获得专业的培训合格证，应掌握槟榔病虫害发生规律与防治技术及安全用药技能。

4.3.2 辅助作业人员

辅助作业人员负责药液配制、灌装，以及地面指挥等，所有人员应熟悉作业流程，安全用药常识和掌握正确的操作步骤，并做好安全防护。

5 施药作业前准备

5.1 环境要求

评估本次作业对周围区域，如人居环境、水产养殖区、养蜂区、养蚕区等影响的风险，设置适宜的隔离带。

确定作业区域是否在有关部门规定的禁飞区域内。

明确作业区域是否有影响安全飞行的林木、高压线塔、电线及电线杆等有关障碍物，做好避障准备。

5.2 作业公告

施药作业前3天，向社会公告作业时间、作业区域、喷雾机型、喷施的药剂与种类、安全注意事项等，在作业区域设置明显的警示牌或警戒线。

5.3　药剂选择与配置

5.3.1　科学选药

坚持"预防为主，综合防治"的植保方针，针对槟榔不同时期主要病虫害发生情况，选用适合在槟榔上的高效、低风险农药品种：其剂型可在低容量/超低容量航空喷洒作业的稀释倍数下均匀分散悬浮或乳化；半年内同一防治对象需要多次防治时，应交替轮换使用不同作用机理的药剂。药剂施用应符合GB/T 8321要求。

5.3.2　科学配药

根据槟榔病虫害发生情况，可选择1种或多种药剂（一般不超过3种）科学混配，混配时依次加入，每加入一种应立即充分搅拌混匀，然后再加入下一种。

采用二次稀释法配置药剂，配药时选择pH值接近中性的水，不能用井水或易浑浊的硬水配置农药，严格按照农药便签推荐剂量用药，不能随意增加和降低农药用量。可选择水分散粒剂、悬浮剂、微乳剂、水乳剂、水剂、可分散油悬浮剂、超低容量液剂等剂型，现配现用不能放置超过2 h。

5.3.3　添加专用助剂

药液中宜添加防飘、易沉降的飞防专用助剂，以提高雾滴的附着和吸收效果。

5.3.4　药液的加注

按照作业设计要求加满药液，用2层100目的滤筛过滤后加注。

5.3.5　剩余药液和农药废弃包装容器的处理

要求符合GB 12475—2006的规定。

5.4　作业前检查

检查植保无人机各部件是否安装到位。

打开遥控器，启动植保无人机电源，植保无人机如有自检模式，则进入自检模式，检查各个模块是否正常工作。如无自检模式，则手动检测动力系统、喷洒系统、控制系统是否正常工作。

开启喷洒，观察施药设备喷洒是否正常。

检查确认作业参数设置是否科学合理。

根据槟榔不同生育期病虫害发生情况，环境天气及植保无人飞机型号等确定合适的飞行参数，参数设置推荐见附表10-1。

附表10-1　飞行参数设置推荐表

树龄	喷头类型	亩喷液量（L）	作业高度（距离冠层高度）（m）	喷幅	推荐喷嘴型号/雾滴粒径	飞行速度（m/s）
1～3年	液力式	3～4	2～3	4～6	11001或11015	3～4
	离心式	2～3	2～3	4～6	50～150 μm	3～4
4～10年	液力式	5～8	2.5～3.5	3～5	11001或11015	2～3
	离心式	3～5	2.5～3.5	3～5	30～100 μm	2～3
10年以上	液力式	5～8	2.5～3.5	3～5	11001或11015	2～3
	离心式	3～5	2.5～3.5	3～5	30～100 μm	2～3

6　施药作业要求

植保无人机防治槟榔病虫害作业过程应符合GB/T 25415—2010和NY/T 1533—2007的相关规定，填写"植保无人机防治槟榔病虫害作业记录表"。

6.1　起降点选择

应选择空旷、无人集中且地势平坦的区域作为飞行器起降点，用户面朝机尾。

6.2　控制模式选择

应根据地块复杂程度、定位信号强弱和设备的配置，选择手动、半自主、全自主等控制模式，为保证作业的质量，应尽可能采取自主飞行作业，推荐选择具备复杂地形全自主仿形飞行作业能力的机型。

采用手动作业模式的应尽可能保持飞行高度和速度及喷幅的稳定，减少重喷或漏喷，采用全自主控制模式的，推荐采用仿形、避障、断点续航等飞行模式。

6.3　作业高度

作业时应保持稳定的飞行高度，推荐采用具有精准仿形飞行作业的机型，手动作业时，应注意侧风修正，喷雾开关时机应适时，防治重喷漏喷。

6.4　风对作业的影响

作业过程中，当风速超过5 m/s时，飞控手应停止作业并使无人飞机返回起降点，当风向风速符合要求后再进行作业。

6.5　作业程序

作业时，具备自动扫边功能的机型，应采用自动扫边，对边界进行精准喷洒，不具备自动扫边功能的机器，应先在田间进行匀速平行喷洒作业，与田块边界保持1~2个喷幅。在匀速平行喷施全部完成后，再对田块边界地带进行匀速闭环喷洒。

7　施药作业后效果检查

7.1　查看飞行轨迹及流量数据

作业结束后，应及时查看防治药效、飞行轨迹及流速数据，若发现明显漏喷区域，应及时补喷；若发现明显重喷区域，应定期观察，及时采取补救措施。

7.2　防治效果调查

作业结束后，应按时进行田间防治效果调查。

8　机具的清洗与保养

喷洒作业结束后，应使用清水对无人飞机和喷洒设备的内部和外表面清洗干净，必要时可加润滑油以保持无人飞机控制部件润滑，对可能锈蚀的部件可涂防锈黄油。

喷洒设备不使用时，应对药泵、控制阀、喷杆、喷头等进行分解、清洗并及时更换损坏的零部件；如含压力表的，喷雾液泵停止工作后，压力表指针应回零。

无人飞机存放地点应干燥通风，远离火源，不应露天存放，不应与农药及酸、碱等腐蚀性物质存放在一起。

无人飞机电池应严格按照使用说明书要求进行维护和保养，长期存放应每隔3个月进行维护性充放电，及时更新软件。

后 记

  槟榔属温湿热型阳性植物，喜高温、雨量充沛的湿润气候环境。常见散生于低山谷底、岭脚、坡麓和平原溪边，也有成片生长于富含腐殖质的沟谷，山坎、疏林内及微酸性至中性的沙质壤土旷野，对土壤要求并不严格，海南省一般在海拔300 m以下的山地、边角地、低湿地均可种植。

  槟榔药用效果极佳，据资料显示，我国有200多个药品含有槟榔。传统医学认为，槟榔具有"杀虫，破积，降气行滞，行水化湿"的功效，曾被用来治疗绦虫、钩虫、蛔虫、蛲虫、姜片虫等寄生虫感染。由槟榔与乌药、人参、沉香组成的四磨汤主治"七情气逆，上气喘急，妨闷不食"，民间有在婴儿出生一周后服用四磨汤的传统，据说有利于孩子肠胃，以后不闹肚子，故为我国的四大南药之一。我国槟榔已经有数千年的种植历史，如汉武帝兵征南越，以槟榔解军中瘴疠，功成后建扶荔宫于西安，广种南木，槟榔入列，在《史记》《三辅黄图》和今广州西汉南越王博物馆有载。南北朝的时候，干陀利国（今苏门答腊岛）进贡槟榔，朝廷转赐大臣，朝臣答谢的诗词多录于《梁史》。南唐后主李煜写他的大周后，有"烂嚼红茸，笑向檀郎唾"的词句，槟榔、美人、情郎，历历如画在目。乾隆好槟榔，有2个用来装槟榔的波斯手工和田玉罐是长寿的乾隆一生挚爱，两物今存北京故宫博物院。嘉庆在折子上御批："朕常服食槟榔，汝可随时具进""惟槟榔一项，朕时常服用，每次随贡呈进，毋误"，两折今存中国第一历史档案馆。

  时光荏苒，虽经千年，海南人种植槟榔的热情不减，近年来，随着槟榔价格的逐年攀升，槟榔种植面积迅速增加，其也成为海南人脱贫致富的"富贵树""宝贝树"，在一些县市可见漫山遍野的槟榔树，甚至做到了"见缝插树"的地步，槟榔种植也一改之前散养漫管的传统，配上了水肥一体化等措施。海南省委省政府高度重视槟榔产业的可持续发展，在2018年政府工作报告中明确指出"制定乡村振兴战略规划，部署若干重大工程、重大计划、重大行动。坚持质量兴农、绿色兴农，推进特色农产品调优增效。支持槟榔、椰子、胡椒、咖啡、益智、茶叶、热带水果等农产品精深加工和冷链运输，提高农产品附加值"。槟榔作为海南最具热带特色的经济作物，在落实乡村振兴战略，释放农民增收新动能，促进农民增收，推进一产"接二连三"融合发展中发挥着不可替代的作用。

但是，槟榔的大量种植，尤其是单一连片种植方式也带来了一系列问题，黄化灾害逐年加重，轻者减产10%～20%，重者减产50%～60%，局部地区造成毁种失收，据不完全统计，每年损失20亿元以上，严重影响农民的脱贫致富和农村经济的发展。目前槟榔树易发生的病害有黄化病、病毒病、叶斑病、炭疽病、果穗枯萎病、细菌性叶斑病、芽腐病等，虫害主要有椰心叶甲、红脉穗螟、粉虱、介壳虫、红蜘蛛等。介壳虫、叶蝉、蚜虫、红蜘蛛等虫害可并发烟煤病、炭疽病等，红脉穗螟咬食心叶及花、花苞、果实，同时并发果穗枯萎病，造成落花落果。椰心叶甲在前几年鲜有为害槟榔的报道，而近几年已经变成为害槟榔的主要害虫，最近调查发现红棕象甲也在部分槟榔园"安营扎寨"开始为害。

对于槟榔上病虫害发生日益严重的问题，编者认为，首先需要做的是合理种植布局，槟榔虽然有抗逆性强的特点，但不合理的种植布局会导致植株营养不良，诱发各种病害，进而影响产量；其次要做好预防措施，尤其对于槟榔黄化病，一定要控制种果和种苗来源，严禁从病区引种，对于椰心叶甲、红脉穗螟、细菌性叶斑病等一定要明确其为害或发病规律，在其未爆发前进行防控，尽最大可能降低成本，提高防控效果；另外要多种措施并举，提倡生物防控、植株免疫诱抗等综合防控方法，在保证防控效果的前提下，减少对环境的影响、降低农药的残留危害、提高树体的长势、提升果实的品质，最终达到农户增收、植株健壮的目的。

万物生长相生相克，任何一种植物都不可避免的会受到病虫害的为害，因此，当槟榔上出现病虫害时，广大种植户和相关人员不必惊慌，也不必烦恼，只要我们做到对症施救、科学防控，便可以达到预期的防控效果。